Heike Speckmann

Dem Denken abgeschaut

Interdisziplinäre Wissenschaft

Herausgegeben von H. Schuster

Andreas Deutsch (Hrsg.)
Muster des Lebendigen

Robert Bud
Wie wir das Leben nutzbar machten

John T. Bonner
Evolution und Entwicklung

Martin Gerhardt und Heike Schuster
Das digitale Universum

Heike Speckmann
Dem Denken abgeschaut

Vieweg

Heike Speckmann

Dem Denken abgeschaut

Neuronale Netze
im praktischen Einsatz

Facetten

Umschlagbild: Repräsentation der einzelnen Körperteile in der motorischen Rinde und in der Körperfühlsphäre (vgl. Bild 1.5)

Alle Rechte vorbehalten
© Friedr. Vieweg & Sohn Verlagsgesellschaft mbH, Braunschweig/Wiesbaden, 1996

Der Verlag Vieweg ist ein Unternehmen der Bertelsmann Fachinformation GmbH.

Umschlaggestaltung: Schrimpf und Partner, Wiesbaden
Druck und buchbinderische Verarbeitung: Lengericher Handelsdruckerei, Lengerich
Gedruckt auf säurefreiem Papier
Printed in Germany

ISBN 3-528-06681-4

Inhaltsverzeichnis

VII

Kapitel 1
Einführung

1.1 Künstliche neuronale Netze: Inspirationen aus der Neurowissenschaft

Es ist offensichtlich, unser Gehirn ist einem Digitalcomputer in vielen Aufgaben, wie beispielsweise Mustererkennung, weit überlegen. Schon ein kleines Kind kann wesentlich besser und schneller unterschiedliche Objekte und Gesichter erkennen und unterscheiden als ein Computer. Das Gehirn hat viele Eigenschaften, die in künstlichen Systemen wünschenswert wären, wie:

- Es ist robust und fehlertolerant. Nervenzellen im Gehirn sterben täglich ab, ohne die Arbeit des Gehirns zu beeinträchtigen.

- Es ist flexibel gegenüber unterschiedlichen Anwendungen, indem es sich auf die neue Arbeitsumgebung durch Lernen einstellt. Es muß dazu nicht erst programmiert werden.

- Die Informationen können unscharf, verrauscht und inkonsistent sein.

- Das Gehirn ist höchstparallel.

- Es ist klein, kompakt und verbraucht verhältnismäßig wenig Energie.

Aufgrund der Tatsache, daß das Gehirn aus etwa 10^{11} Neuronen besteht, ist es unmöglich, ein komplettes, künstliches Gehirn aufzubauen, aber man kann sich für bestimmte Anwendungen an Gehirnmodellen aus der Neurobiologie orientieren. Diese künstlichen neuronalen Netze sind eine Alternative zu dem Von-Neumannschen Rechnerparadigma, welches auf programmierten Instruktionssequenzen beruht.

1

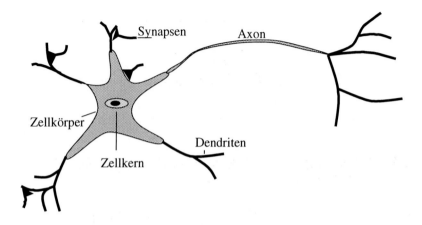

Bild 1.1 Schematische Darstellung eines typischen Neurons

Das Gehirn besteht aus einer Vielzahl unterschiedlichster Neuronen (Bild 1.1). Baumartige Netzwerke von Nervenfasern, Dendriten, sind mit dem Zellkörper, Soma, in dem der Zellkern liegt, verbunden. Vom Zellkörper aus dehnt sich eine einzelne lange Faser, das Axon, aus. Am Ende verzweigt sich das Axon. Diese Verzweigungen, Synapsen, verbinden das Neuron mit Dendriten anderer Neuronen. Der Signaltransfer zwischen den Nervenzellen über eine Synapse ist ein komplexer, chemischer Prozeß, in dem spezielle Neurotransmitter an die benachbarten Neuronen ausgeschüttet werden. Das Resultat ist eine Erhöhung oder Erniedrigung des elektrischen Ruhepotentials eines Neurons. Wenn dieses Potential eine gewisse Schwelle überschreitet, wird ein Aktionspotential an das Axon gesendet - das Neuron feuert.

McCulloch und Pitts [1] entwickelten 1943 aus dieser biologischen Beschreibung ein Modell eines künstlichen Neurons mit einer binären Schwellenwerteinheit (Bild 1.2).

Nach ihrer Vorstellung feuert ein Neuron j, d.h. liefert den Ausgang $o_j(t + 1)$, wenn die mit $w_{ij}(t)$ gewichtete Summe der synaptischen Ausgänge der Vorgängerneuronen $o_i(t)$ eine Schwelle Θ_j überschreitet.

$$o_j(t + 1) = \Lambda \left(\sum_i w_{ij}(t)o_i(t) - \Theta_j \right), \qquad (1.1)$$

wobei Λ die Heavyside-Funktion ist:

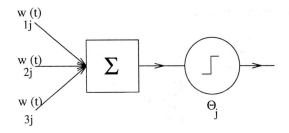

Bild 1.2 Schematische Darstellung des McCulloch-Pitts-Neurons

$$\Lambda(x) = \begin{cases} 1 & \text{wenn } x \geq 0 \\ 0 & \text{sonst} \end{cases} \tag{1.2}$$

Läßt man allgemeinere Verknüpfungen der synaptischen Ausgänge der Vorgängerneuronen, $\text{net}_j(t)$, und verschiedenartige Aktivierungsfunktionen f_{act} zu, kann man das obige Neuronenmodell verallgemeinern.

$$o_j(t+1) = f_{\text{act}}(\text{net}_j(t), o_j(t), \Theta_j) \tag{1.3}$$

Typische Formeln für die Netzfunktion $\text{net}_j(t)$ und die Aktivierungsfunktion $f_{\text{act}}(t)$ sind:

Die unterschiedlichsten Neuronen sind im Gehirn in Schichten angeordnet (Bild 1.3 aus [2]). Die Großhirnrinde ist horizontal in sechs Schichten gegliedert (I - VI). Vertikal erkennt man eine Gliederung in Zellsäulen, die die gesamte Rindenbreite von unten nach oben durchqueren. Die Verbindungen der Zellen können über mehrere Schichten hinweggehen und unvollständig sein. Rückkopplungen zwischen den Schichten sind möglich.

Auf ein Modell übertragen, resultiert dies in einem Schichtenmodell (Bild 1.4).

Die einzelnen Neuronen sind von Schicht zu Schicht über gewichtete Kanten miteinander verbunden. Dabei sind sowohl Rückkopplungen (rekurrente neuronale Netze) als auch Verbindungen über mehrere Schichten hinweg (Shortcutconnection) erlaubt. Je nach Position des Neurons im Schichtenmodell ist dieses von unterschiedlichem Ein-/Ausgabetyp, d.h. Eingabeneuron, Ausgabeneuron oder verdecktes Neuron.

3

Tabelle 1.1 Netzfunktionen

Typ der Funktion	Formel für $net_j(t)$
Linear	$\sum_i w_{ij}(t)o_i(t)$
Produkt	$\prod_i w_{ij}(t)o_i(t)$
PI	$\prod_i o_i(t)$
Max	$\max_i w_{ij}(t)o_i(t)$
Min	$\min_i w_{ij}(t)o_i(t)$

	Formel für $f_{\text{act}}(t)$
Identität	$net_j(t)$
Identität plus Schwellenwert	$net_j + \Theta_j$
Logistisch	$\frac{1}{1+e^{-net_j(t)+\Theta_j}}$
Min Aus Plus Gewicht	$\min_i(w_{ij}(t)+o_i(t))$
Perceptron	$\begin{cases} 1 & \text{für } net_j(t) \geq \Theta_j \\ 0 & \text{für } net_j(t) < \Theta_j \end{cases}$
Produkt	$\prod_i w_{ij}(t)o_i(t)$
Signum	$\begin{cases} 1 & \text{für } net_j(t) > 0 \\ -1 & \text{für } net_j(t) \leq 0 \end{cases}$
Schrittfunktion	$\begin{cases} 1 & \text{für } net_j(t) > 0 \\ 0 & \text{für } net_j(t) \leq 0 \end{cases}$
Tanh	$\tanh(net_j(t)/2)$

Keiner weiß, wann man damit begonnen hat, mit dem Finger auf das Gehirn zu deuten: seitlich an die Schläfe, um Zweifel an der Vernunft eines Menschen anzumelden, vorne an die Stirn, um auf eine besonders gute eigene Idee hinzuweisen. Jedenfalls war schon in der Antike der Glaube, das Gehirn habe etwas mit dem Denken zu tun, weit verbreitet. Relativ neu ist dagegen die Vorstellung, daß die beim Menschen besonders reich entwickelte, den größten Teil des Gehirns bedeckende Großhirnrinde, Cortex, in genaue Bereiche unterteilt ist, die jeweils für bestimmte motorische und sensorische Aufgaben zuständig ist (Bild 1.5 aus [2]). Durch Messung der Durchblutung des Gehirns lassen sich die unterschiedlichen Aktivitätsareale des Gehirns bei unterschiedlichen Aktivitäten lokalisieren, wie Sprechen, Laufen usw. Mit dieser Information lassen sich regelrecht Karten des Cortex erstellen.

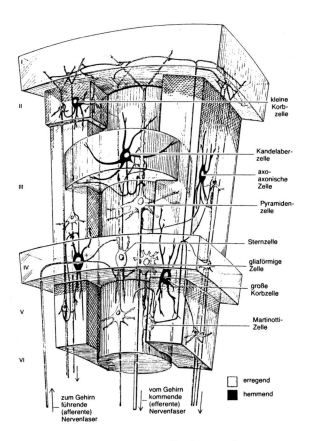

II   kleine Korbzelle

III   Kandelaberzelle

axoaxonische Zelle

Pyramidenzelle

Sternzelle

IV   gliaförmige Zelle

große Korbzelle

V   Martinotti-Zelle

VI

☐ erregend

■ hemmend

zum Gehirn führende (afferente) Nervenfaser

vom Gehirn kommende (efferente) Nervenfaser

Bild 1.3 Schematische Darstellung der Großhirnrinde

Neben der Aufteilung des Cortex in differenzierte Bereiche war die Hauptmotivation vieler künstlicher neuronaler Netzalgorithmen die Art der Erregung benachbarter Neuronen im Gehirn. Dabei sind die Neuronen um ein Erregungszentrum miterregt. Je weiter ein Neuron vom Erregungszentrum entfernt ist, desto schwächer ist diese Erregung. Um diese Region herum existiert eine Anzahl von hemmenden, negativ erregten Neuronen. Diese Tatsache führt zu einer schärferen Abgrenzung der Erregungscluster und bildet die Grundlage des biologischen Lernvorganges. Lernen bedeutet das Ändern der Erregungszustände der Nervenzellen.

5

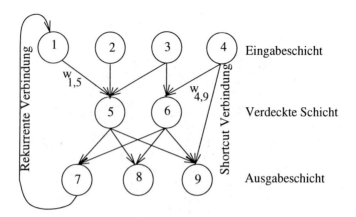

Bild 1.4 Schichtenmodell der künstlichen neuronalen Netze

Donald O. Hebb formulierte diesen Ablauf in einer Lernregel [3], welche die Grundlage für die meisten komplizierteren Lernregeln neuronaler Netze bildet:

Wenn ein Neuron j eine Eingabe von einem Neuron i erhält und beide gleichzeitig stark aktiviert sind, dann erhöhe das Gewicht $w_{ij}(t)$ (die Stärke der Verbindung von Neuron i zum Neuron j).

Mathematisch bedeutet dies:

$$\Delta w_{ij} = \alpha(t)o_i(t)a_j(t) \tag{1.4}$$
$$w_{ij}(t+1) = w_{ij}(t) + \Delta w_{ij}(t) \tag{1.5}$$

$o_i(t)$ ist die Ausgabe des Neurons i, $a_j(t)$ die Aktivierung des Nachfolgerneurons j. $\alpha(t)$ gibt die Lernrate an, d.h. die Stärke der Gewichtsänderung. Im Laufe des Lernprozesses nimmt die Lernrate α ab, das künstliche neuronale Netz stumpft mit zunehmender Dauer t des Lernvorgangs auf die äußeren Reize ab.

Die künstlichen neuronalen Netzen werden nach der Art des Ablaufs des Lernvorgangs unterschieden. Es gibt drei Kategorien des Lernens in neuronalen Netzen:

6

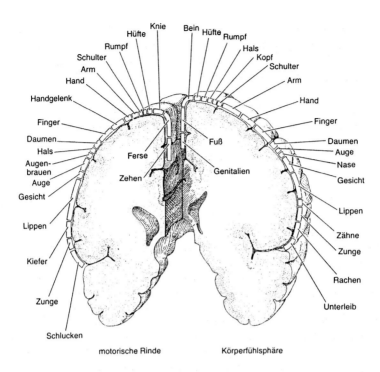

Bild 1.5 Repräsentation der einzelnen Körperteile in der motorischen Rinde und in der Körperfühlsphäre (somatosensorische Rinde) im Cortex

Überwachtes Lernen (supervised learning): Hier wird der gewünschte Ausgabevektor an die Ausgabeschicht des Netzwerks gelegt und mit der realen Ausgabe des Netzwerks verglichen. Daraus wird ein Fehler berechnet, der im Laufe des Lernvorgangs minimiert wird. Der wohl bekannteste Vertreter dieser Art des Lernens ist das Backpropagation-Netzwerk [4].

Vergleichbar ist diese Form des Lernens mit der Art und Weise, wie der Mensch beispielsweise unter Anleitung eines Trainers komplexe, technische Bewegungsabläufe lernt. Der Trainer korrigiert dabei Fehler in der Bewegung, und sein Schützling wiederholt den Bewegungsablauf, bis dieser perfektioniert ist, d.h. der Fehler sehr gering geworden ist.

Unüberwachtes Lernen (unsupervised learning): Bei dieser Art des Lernens wird das künstliche neuronale Netz wiederholt mit

7

Daten gefüttert. Dem Netzwerk wird es überlassen, sich selbstorganisierend zu ordnen. Eine Lernrate bestimmt dabei die Veränder-
lichkeit der Neuronen des Netzes. Zu Beginn des Lernprozesses
sind alle Neuronen stark in den Ordnungsprozeß integriert. Mit
andauerndem Lernprozeß nimmt die Lernrate ab, und nur ein Teil
der Neuronen wird jeweils aktiviert. Ziel der Selbstorganisation ist
eine Generalisierung der Eingabedaten. Zu diesen Typen gehören
die ART-Netzwerke (Adaptive Resonance Theory) von S. Grossberg [5, 6, 7, 8] und die selbstorganisierende Karte von T. Kohonen
[9], auf die in diesem Buch besonders eingegangen wird.

Diese Art des Lernens ist biologisch plausibler. So lernen Kinder ihre
Umwelt verstehen. Sie nehmen viele Reize aus ihrer Umgebung auf, und
ihr Gehirn organisiert sich selbst. Mit zunehmendem Alter nimmt die
Lernfähigkeit ab. Im Gehirn sind dann viele generalisierte Modelle der
Umwelt gespeichert. So werden wir beispielsweise einen Gegenstand, der
aussieht wie ein Ball, selbst wenn wir ihn nie vorher in den entsprechenden Farben und Größe gesehen haben, als Ball erkennen.

Verstärkendes Lernen (reinforcement learning): Diese Form
des Lernens stellt die Mischform der beiden obigen Lernverfahren
dar. Es wird dem neuronalen Netz nur mitgeteilt, ob ein Lernschritt gut oder schlecht war [10] und die Neuronen entsprechend
verändert.

Auch diese Art des Lernens ist in biologischen Gehirnen vertreten.
Kleinkinder lernen auf diese Art, sich zu bewegen, beispielsweise aufzu-
stehen. Entweder sie fallen wieder hin oder bleiben erfolgreich stehen.

1.1.1 Wie alles begann: Das Perceptron

Die Wurzeln des Forschungsgebiets der neuronalen Netze sind recht alt.
1962 erfand Rosenblatt das einstufige Perceptron [4]. 1969 zeigten Minsky und Papert in ihrem Buch „Perceptrons" [11] die Grenzen dieser
Algorithmen auf, da nämlich bestimmte funktionale Zusammenhänge
nicht mit dem einstufigen Perceptron zu lernen sind.
Statistisch gesehen, legt das einstufige Perceptron eine sogenannte Hyperebene in einen Datensatz. Will man beispielsweise einen zweidimensionalen Datensatz trennen, so entspricht dieser Hyperebene eine Gerade
(Bild 1.6).

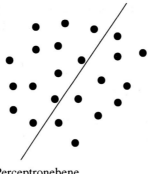

Perceptronebene

Bild 1.6 Das einstufige Perceptron trennt einen zweidimensionalen Datensatz durch eine Gerade.

Es existieren jedoch genügend Funktionen, für die diese einfache, lineare Trennung nicht ausreicht. Dazu gehört beispielsweise die Exklusivoder-Funktion XOR(a, b):

$$\text{XOR}(a, b) = \left\{ \begin{array}{ll} 0 & \text{für } a = b, \; a, b \epsilon \{0, 1\} \\ 1 & \text{für } a \neq b \end{array} \right. \tag{1.6}$$

Trägt man diese Funktion graphisch auf (Bild 1.7), so erkennt man, daß es keine Gerade gibt, mit der man die vier Datenpunkte (0,0), (0,1), (1,0) und (1,1) so aufteilen kann, daß (0,0) und (1,1) auf der einen Seite der Gerade, (0,1) und (1,0) auf der anderen Seite der Gerade liegen.

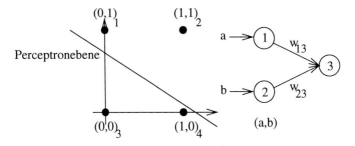

Bild 1.7 Das XOR-Problem

Mathematisch gesehen bedeutet dies, wie der interessierte Leser leicht

9

nachrechnen kann, daß es keine Lösung für folgende Geradengleichung gibt, wie sie zur Lösung des XOR-Problems nötig wäre:

$$XOR(a, b) = a * w_{1,3} + b * w_{2,3}. \qquad (1.7)$$

Funktionen mit dieser Eigenschaft bezeichnet man auch als nicht linear separierbar.

Die Problematik führte dazu, daß die Forschungsaktivitäten in bezug auf die neuronalen Netze nur in wenigen Gruppen weitergeführt wurden. Eine Lösung des Problems ist die Erweiterung des einstufigen Perceptrons durch mehrere verdeckte Schichten. Dadurch werden mehrere Geraden zur Klassentrennung zur Verfügung gestellt (Bild 1.8).

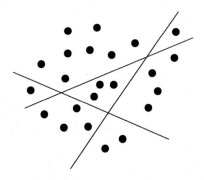

Bild 1.8 Eine Einführung einer zusätzlichen Schicht stellt weitere Geraden zur Klassentrennung zur Verfügung.

So ist dann auch das XOR-Problem mit einem Perceptron mit einer zusätzlichen verdeckten Schicht lösbar (Bild 1.9).

Die Erweiterung des Perceptrons durch mehrere verdeckte Schichten führte zwar zum erneuten Durchbruch der neuronalen Netzalgorithmen, erschwert jedoch den Anlernvorgang. Der Fehler zwischen gewünschter und reeller Ausgabe muß durch die verdeckten Schichten zu den Eingängen geleitet werden.

1.1.2 Die Renaissance: Das Backpropagation-Netz

Anfang der 80er Jahre wurde mit dem Backpropagation-Netz, dem wohl bekanntesten künstlichen neuronalen Netzalgorithmus, die Wiedergeburt

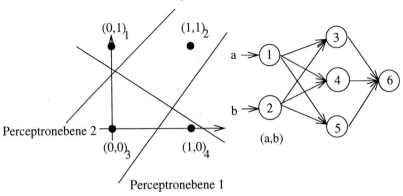

Perceptronebene 3

Bild 1.9 Das XOR-Problem ist lösbar mit einem zweilagigen Perceptron.

der künstlichen neuronalen Netzwerke eingeleitet. Dieses 1986 von Rumelhart, Hinton und Williams beschriebene, überwacht lernende neuronale Netz [4] beruht auf einem sogenannten Gradientenabstiegsverfahren. Wenn man die Summe der Unterschiede der realen Ausgänge des neuronalen Netzes gegenüber der gewünschten Ausgabe über alle Eingabevektoren berechnet, erhält man eine Fehlerfläche, die sich im zweidimensionalen Fall anschaulich graphisch darstellen läßt (Bild 1.10). Die in Bild 1.10 für den zweidimensionalen Fall dargestellte Fehlerfunktion

$$E(w) = E(w_1, ..., w_n) \qquad (1.8)$$

gibt den Fehler an, den das Netzwerk bei gegebenen Gewichten $w_1(t)$, ..., $w_n(t)$ über alle Trainingsvektoren aufsummiert zu einem Zeitpunkt t besitzt. Mit einem Gradientenabstiegsverfahren, d.h. der Methode des steilsten Abstiegs, wird nun versucht, möglichst schnell ein globales Minimum der Fehlerfunktion zu finden, d.h. eine Konfiguration der Gewichte, bei der die Fehlersumme über allen Trainingsvektoren minimal ist.

Das Backpropagation-Netz besteht aus einer Eingabeschicht, einer oder mehreren verdeckten Schichten und einer Ausgabeschicht (siehe Bild 1.11[1]). Das Prinzip des Lernvorgangs ist in Bild 1.12 dargestellt.

---

[1] Aus Gründen der Übersichtlichkeit sind nicht alle Verbindungsgewichte w_{ij} eingezeichnet.

11

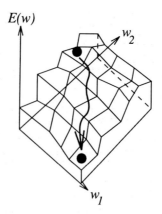

Bild 1.10 Fehlerfläche eines neuronalen Netzes im zweidimensionalen Fall

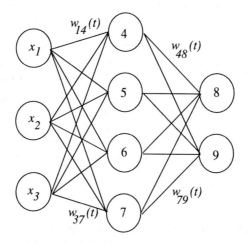

Bild 1.11 Aufbau des Backpropagation-Netzes

Der an die Eingabeschicht angelegte Trainingsvektor $(x_1(t), ..., x_n(t))$ wird von der Eingabeschicht durch alle verdeckten Schichten zur Ausgabeschicht „vorwärtspropagiert":

$$\text{net}_j(t) = \sum_i w_{ij}(t)o_i(t) - \Theta_i \tag{1.9}$$

12

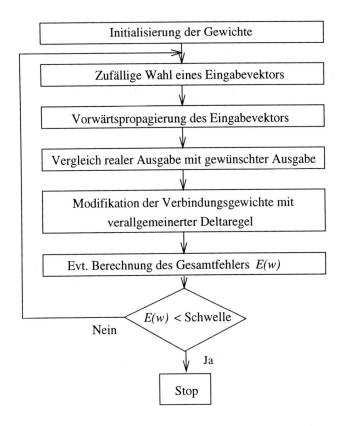

Bild 1.12 Ablauf des Lernvorgangs

mit $o_i(t) = x_i(t)$ für die erste verdeckte Schicht.

Als Aktivierungsfunktion f_{act} wird die logistische Funktion (Sigmoidfunktion) gewählt.

$$f_{\text{act}}(a_i(t), \text{net}_i(t), \Theta_i) = \frac{1}{1 + e^{(-\text{net}_j(t)+\Theta_j)}} \tag{1.10}$$

Nach der Vorwärtspropagierung der Eingabe erfolgt der Lernvorgang. Die reale Ausgabe $o_j(t)$ der Ausgabeschicht wird mit der gewünschten

13

Ausgabe $g_j(t)$ verglichen und die Verbindungsgewichte gemäß der verallgemeinerten Deltaregel modifiziert, wobei der Fehler von der Ausgabeschicht zur Eingabeschicht durch alle verdeckten Schichten „rückwärtspropagiert" wird, d.h. ausgehend von der Ausgabeschicht wird der Fehler für die verdeckten Schichten bis zur Eingabeschicht berechnet und in Abhängigkeit von diesem $\delta_j(t)$ die Verbindungsgewichte neu bestimmt:

$$w_{ij}(t+1) = w_{ij}(t) + \Delta w_{ij}$$
$$\Delta w_{ij} = \eta \delta_j(t) o_i(t) \tag{1.11}$$

$$\delta_j(t) = \begin{cases} f'_{\text{act}}(a_i(t), \text{net}_i(t), \Theta_i)(g_j(t) - o_j(t)) & \begin{array}{l} \text{falls Neuron } j \\ \text{Ausgabeneuron} \end{array} \\[2em] f'_{\text{act}}(a_i(t), \text{net}_i(t), \Theta_i)(\sum_k \delta_k w_{jk}(t)) & \begin{array}{l} \text{falls Neuron } j \\ \text{in verdeckter} \\ \text{Schicht} \end{array} \end{cases} \tag{1.12}$$

mit:

η konstanter Lernfaktor;

$\delta_j(t)$ Differenz zwischen gewünschter und realer Ausgabe des Neurons j zum Zeitpunkt t;

$g_j(t)$ Lernvorgabe des Neurons j zum Zeitpunkt t;

$o_i(t)$ Ausgabe des Neurons i der Vorgängerschicht zum Zeitpunkt t;

i Index eines Neurons der Vorgängerschicht;

j Index des Neurons selbst;

k Index eines Neurons der nachfolgenden Schicht;

$f'_{\text{act}}(a_i(t), \text{net}_i(t), \Theta_i)$ Ableitung der Aktivierungsfunktion.

Nach jeder Veränderung der Verbindungsgewichte kann der Gesamtfehler $E(w)$ berechnet werden. Der Lernvorgang endet, wenn der Gesamtfehler $E(w)$ eine vom Anwender festgelegte Schwelle unterschreitet.

14

Eine andere Arbeitsgruppe, die sich durch die Arbeiten von Minsky und Pappert nicht entmutigen ließen und auch während den „dark ages" an der Weiterentwicklung der neuronalen Netze arbeiteten, war die finnische Arbeitsgruppe um Teuvo Kohonen, die die selbstorganisierende Karte (SOM) entwickelten. Dieses unüberwacht lernende neuronale Netz ist der Schwerpunkt des vorliegenden Buches.

1.2 Kohonens selbstorganisierende Karte

Dieser sehr leistungsfähige Algorithmus gehört zu den unüberwacht lernenden neuronalen Netzen und kann selbstorganisierend nichtlinear klassifizieren. Das Prinzip der selbstorganisierenden Karte (SOM[2]) wurde von Kohonen [12, 13] erstmals 1981 veröffentlicht. Sein Konzept ist motiviert durch das Hebbsche Nervenmodell und die Sphäreneinteilung des sensorischen und motorischen Cortex, innerhalb derer die Antworten der Neuronen auf unterschiedliche Eingangsreize räumlich geordnet erscheinen.

Statt der räumlich zufälligen Anordnung der Neuronen wird zur Vereinfachung angenommen, daß sich die Neuronen an festen Punkten eines Gitters befinden. Sowohl die Grunderregung der Neuronen als auch die Eingangsreize werden als Vektoren gleicher Dimension kodiert. Die Hebbsche Lernfunktion wird durch eine Gauß-Funktion approximiert.
Gaußsche Glockenkurve:

$$f(x) = e^{-x^2} \qquad (1.13)$$

1.2.1 Grundprinzipien der selbstorganisierenden Karte

Die SOM besteht aus einem mehrdimensionalen Feld von Neuronen, das jedoch oft aus praktischen Gründen zweidimensional ist. Dabei sind die einzelnen Neuronen in einer Gitterstruktur (Karte) angeordnet, wobei jedes Neuron mit seinem direkten Nachbarn verbunden ist (Bild 1.13). Eingaben sind n-dimensionale Vektoren. Diese Dimension n des Eingaberaums ist wesentlich größer als die Dimension der SOM. Jedes Neuron der

---

[2] Die Abkürzung SOM steht für Selforganizing Map.

15

SOM hat als Grunderregung einen Gewichtsvektor gleicher Dimensionalität wie die Dimension des Eingaberaums gespeichert. Das bedeutet beispielsweise, wenn Eingabevektoren mit jeweils 10 Vektorkomponenten mit der SOM klassifiziert werden sollen, so müssen auch die Gewichtsvektoren aus 10 Vektorkomponenten bestehen.

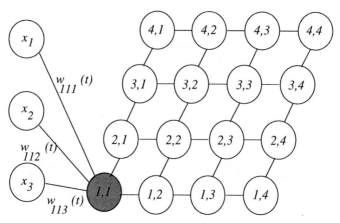

Bild 1.13 Aufbau der SOM

Das Ergebnis des Lernvorgangs ist eine Abbildung des n-dimensionalen Eingaberaums auf die zweidimensionale Karte. Dabei sollen benachbarte Vektoren aus dem Eingaberaum auf benachbarte Neuronen auf der SOM abgebildet werden. Dieses Prinzip bezeichnet man als Topologieerhaltung (Bild 1.14).

Dieses Prinzip hat wirkungsvolle Nebeneffekte. Die SOM ist ein leistungsfähiges Klassifizierungswerkzeug. Sie stellt eine Verallgemeinerung der in der Statistik verwendeten linearen Hauptkomponentenanalyse dar. Statt linearer Hauptachsen oder Ebenen, werden durch die SOM nichtlineare Hyperebenen bestimmt, deren Lage und Orientierung so gewählt werden, daß sich jeder Datenpunkt aus dem Eingaberaum möglichst gut durch einen Punkt der Hyperebene, deren Lage durch die auf den Kartenneuronen gespeicherten Gewichtsvektoren bestimmt wird, annähern läßt (Bild 1.15).

Mit Hilfe der angelernten Karte läßt sich eine Merkmalsextraktion durchführen, d.h. redundante Vektorkomponenten der Eingabevektoren eliminieren. Dazu vergleicht der Anwender die Komponenten der auf der Karte gespeicherten Gewichtsvektoren miteinander. Dieser Vergleich

16

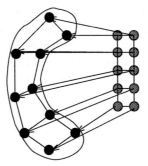

Eingaberaum V   Ausgaberaum A

Bild 1.14 Topologieerhaltende Abbildung des Eingaberaums auf die zweidimensionale SOM

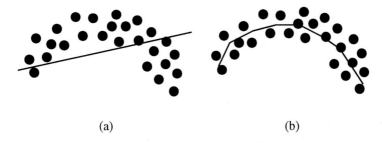

(a)   (b)

Bild 1.15 Lineare Annäherung eines Datensatzes durch die klassische lineare Faktoranalyse mittels einer Geraden (a), nichtlineare Annäherung eines Datensatzes durch die SOM mittels einer Kurve (b)

kann graphisch oder rechnerisch erfolgen. Korrellieren zwei Komponenten miteinander, können die Eingabevektoren jeweils um eine von diesen Komponenenten reduziert werden.
Die Karte modelliert ferner die Wahrscheinlichkeitsdichtefunktion der Eingabevektoren. Im Falle einer endlichen Anzahl von diskreten Eingabevektoren bedeutet dies, daß eine große relative Häufigkeit einzelner Eingabevektoren dazu führt, daß eine entsprechend große Anzahl von dazu ähnlichen Gewichtsvektoren auf der Karte vorhanden ist.

17

1.2.2 Der Algorithmus der selbstorganisierenden Karte

Der Algorithmus ist recht einfach strukturiert. Sein Ablauf ist in Bild 1.16 dargestellt.

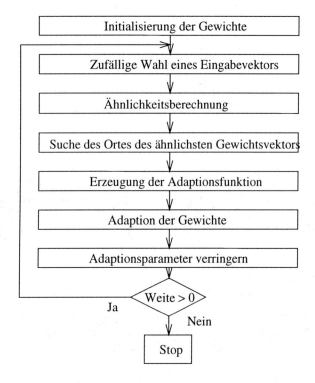

Bild 1.16 Ablauf des Lernvorgangs der SOM

Zunächst wird jedes Neuron der Karte mit einem zufälligen Gewichtsvektor w_{ij} versehen, der die gleiche Dimension wie die Vektoren des Eingangsraums hat. Dann wird für eine vorgegebene Anzahl von Lernschritten folgende Iteration durchgeführt: Aus dem Eingangsraum wird zufällig ein Vektor ausgewählt, und über die gesamte Karte wird nach dem Neuron gesucht, das bezüglich eines Ähnlichkeitsmaßes D_{ij} den nächsten Gewichtsvektor zum Eingabevektor gespeichert hat. Mit den Koordinaten i_{min}, j_{min} dieses Neurons wird die Lernfunktion (Adaptionsfunktion) berechnet und die Gewichte in einer bestimmten Umgebung um das Erregungszentrum herum verändert (adaptiert). Im Laufe des Lernprozesses nimmt die Stärke des Lernens und die Weite der Erregungsumgebung bis auf Null ab. Der Lernvorgang ist beendet.

Für die Abstandsberechnung D_{ij} sind unterschiedliche Abstandsmaße denkbar:

- Euklidische Abstandsbestimmung:

$$D_{ij} = \sum_{k=1}^{n} (w_{ijk}(t) - x_k(t))^2 \qquad (1.14)$$

mit $w_{ijk}(t)$ k. Komponente des auf dem Neuron ij gespeicherten Gewichtsvektors w und $s_k(t)$ k. Komponente des Eingabevektors X

- Skalarprodukt bei normierten Eingabe- und Gewichtsvektoren:

$$D_{ij} = \sum_{k=1}^{n} w_{ijk}(t) * x_k(t) \qquad (1.15)$$

Kern ist die Berechnung des Adaptionsfaktors $\delta_{ij}(t)$. Im Originalalgorithmus nach Kohonen hat die Lernfunktion die Form eines mexikanischen Hutes (Sombrerofunktion (Bild 1.17)), motiviert durch das Hebbsche Nervenmodell. Um das Erregungszentrum herum werden die Neuronen immer weniger aktiviert. Diese Region positiver Erregung ist umgeben von einer Zone mit negativ erregten Neuronen, was zu einer schärferen Abgrenzung der einzelnen Cluster auf der angelernten Karte führt.

Sowohl für eine Hardwarerealisierung als auch für Rechnersimulationen ist diese Form der Adaptionsfunktion jedoch zu aufwendig. Aufgrund der Robustheit des Algorithmus der selbstorganisierenden Karte sind auch folgende, einfachere Versionen für die Form der Lernfunktion denkbar.

- Würfelförmige Adaptionsfunktion

- Pyramidenförmige Adaptionsfunktion

- Konvexe Adaptionsfunktion

$$\delta_{ij}(t) = H(t) * e^{-\frac{(i-i_{\min})^2 + (j-j_{\min})^2}{W^2(t)}} \qquad (1.16)$$

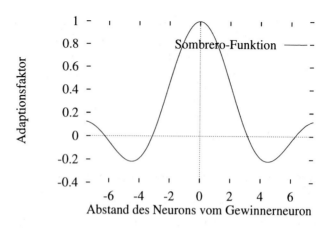

Bild 1.17 Sombrerofunktion (zweidimensional)

- Konkave Adaptionsfunktion

$$\delta_{ij}(t) = H(t) * e^{-\sqrt{\frac{(i-i_{\min})^2 + (j-j_{\min})^2}{W^2(t)}}}$$ (1.17)

Mit:

i, j Koordinaten des Neurons

$\delta_{ij}(t)$ Adaptionsfaktor für das Neuron ij

$i_{\min}, j_{\min}$ Koordinaten des Neurons mit dem geringsten Abstand zum Eingabevektor

$W(t), H(t)$ Weite $W(t)$ und Höhe $H(t)$ der Lernfunktion nehmen im Laufe des Anlernvorganges bis auf 0 ab.

t Lernschritt

Mit dem berechneten Lernfaktor werden dann die Gewichte innerhalb der Erregungsumgebung verändert.

$$w_{ijk}(t+1) = w_{ijk}(t) + \delta_{ij}(t)(x_k - w_{ijk}(t))$$ (1.18)

Dies bedeutet, daß der gespeicherte Gewichtsvektor in Richtung des Eingabevektors verschoben wird (Bild 1.18).

20

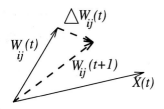

Bild 1.18   Gewichtsänderung bei der Adaption

1.2.3   Auswertung der angelernten selbstorganisierenden Karte

Die selbstorganisierende Karte besitzt im Gegensatz zu den Feedforwardnetzen, zu denen das Backpropagation-Netz gehört, keine Ausgabeschicht. Zur Auswertung der Lernergebnisse stehen jedoch diverse Auswertungswerkzeuge – hauptsächlich graphischer Art – zur Verfügung, die hier kurz vorgestellt werden sollen.
Zur Demonstration dienen als Eingabevektoren die Eckdaten eines Würfels (Bild 1.19), d.h. der Eingaberaum ist dreidimensional.

$$
\text{Würfel} =
\begin{pmatrix}
0 & 0 & 0 \\
0 & 0 & 1 \\
0 & 1 & 0 \\
0 & 1 & 1 \\
1 & 0 & 0 \\
1 & 0 & 1 \\
1 & 1 & 0 \\
1 & 1 & 1
\end{pmatrix}
\tag{1.19}
$$

Die Eckdaten werden auf einer zweidimensionalen SOM gelernt. Ziel ist es, die Eckdaten auf der zweidimensionalen SOM zu ordnen und Korrelationen zwischen den drei Vektorkomponenten zu erkennen.

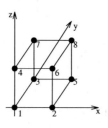

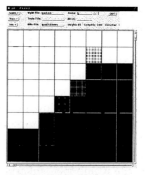

Datensatz   Komponentenkarte

Vektorlagekarte   U-Matrix

Bild 1.19 Würfeldatensatz und Ergebnisse der graphischen Auswertung der angelernten SOM

1.2.3.1 Die Komponentenkarte

Für die Erzeugung einer Komponentenkarte wird eine Komponente k ausgewählt und in Graustufen skaliert[3]. Für jedes Prozessorelement wird dann der entsprechende Grauwert in einer Graphik ausgegeben. Bei einer gut angelernten Karte sollte sich keine verrauschte Verteilung, sondern für jede Komponente ausgehend von ein oder zwei dunklen Ecken eine Abnahme der Grauwerte in allen Richtungen ergeben (siehe Bild 1.19). Die geordnete Verteilung der Komponenten auf der angelernten Karte

---

[3] Bei einigen in diesem Buch vorgestellten Anwendungen werden bei den Komponentenkarten alternativ unterschiedlich große Quadrate zur Darstellung benutzt.

22

spiegel eine Ordnung der auf den Neuronen gespeicherten Gewichtsvektoren wider und damit eine erfolgreiche Klassifikation des Eingabedatensatzes.

Mit diesem Auswertungswerkzeug lassen sich neben der Beurteilung der Güte des Anlernergebnisses auch diverse Zusammenhänge zwischen den einzelnen Vektorkomponenten erkennen. So lassen sich redundante Komponenten graphisch eliminieren, indem man die Komponentenkarten verschiedener Vektorkomponenten vergleicht und eine von zwei Komponenten eliminiert, wenn deren Komponentenkarten sehr ähnlich geartet sind. Sind zwei Komponentenkarten invers zueinander gefärbt, d.h. ist eine Komponentenkarte an den Stellen hell, wo die andere dunkel ist und umgekehrt, so stehen diese beiden Komponenten auch in einem mathematischen inversen Zusammenhang.

Im Falle des Würfels entspricht eine Komponente einer Dimension des dreidimensionalen Raums. Die abgebildete Komponentenkarte der ersten Vektorkomponente wie auch die nicht abgebildeten Komponenentenkarten der anderen beiden Vektorkomponenten sind gleichmäßig.

1.2.3.2 Vektorlagekarte

Mit der Vektorlagekarte lassen sich die Speicherorte der Eingabevektoren auf der SOM lokalisieren. Dazu numeriert man die Eingabevektoren durch. Dann wird für jeden Eingabevektor das Neuron der SOM bestimmt, das den ähnlichsten Gewichtsvektor gespeichert hat. An der Position dieses Neurons wird die zugehörige Nummer des Eingabevektors ausgegeben[4]. Bei einer gut angelernten Karte erwartet man eine gleichmäßige Verteilung der Vektoren über die Karte.

Ersetzt man die durchgehende Durchnumerierung der Eingabevektoren durch Klassennummern, kann man die Klassifizierung des Eingabedatensatzes durch die SOM visualisieren.

1.2.3.3 U-Matrix

Bei der U-Matrix [14] berücksichtigt man die Tatsache, daß sich an Clustergrenzen, den Grenzen zwischen zwei Klassen von Vektoren, die Ge-

---

[4] Eine 0 bedeutet, daß hier kein Eingabevektor dem dort gespeicherten Gewichtsvektor am ähnlichsten ist, auch gekennzeichnet durch die weiße Färbung des zugehörigen Feldes.

wichtsvektoren zweier benachbarter Neuronen stärker unterscheiden als innerhalb eines Clusters. So berechnet man für jedes Neuron den Mittelwert der Abstände zu all seinen nächsten Nachbarn und gibt diesen Wert als Grauwert aus. Man erhält dann an den Clustergrenzen graue Ränder.

Im Falle des Würfels existieren acht Cluster, nämlich für jede Ecke ein Cluster. In Bild 1.19 ist die U-Matrix für die Würfeleckdaten abgebildet. Man erkennt die Grenzen zwischen den einzelnen Clustern, die jeweils ein bestimmtes Eckdatum des Würfels repräsentieren.

Die unterschiedlichen Auswertungsmechanismen lassen sich miteinander verbinden. Betrachtet man beispielsweise die Vektorlagekarte und die Komponentenkarten im Zusammenhang, so kann man den einzelnen Vektoren bestimmte Komponentenwerte zuordnen und so globale Zusammenhänge zwischen Clusterzugehörigkeit bestimmter Vektoren und dem Wert bestimmter Komponenten herstellen.

In Bezug auf die Würfeldaten erkennt man, daß die Komponentenkarte der ersten Vektorkomponente an der Position, an der auf der Vektorlagekarte eine 1, 4, 7 und 3 steht, schwarz gefärbt sind, d.h., die Vektoren 1, 4, 7 und 3 haben für die Komponente 1 den Wert 0. Dies war auch bei den entsprechenden Eingabevektoren tatsächlich der Fall.

Der folgende Abschnitt gibt einen Einblick in die Theorie der SOM. Er ist nicht zwingend notwendig für das Verständnis der im Anschluß beschriebenen Anwendungen, zeigt jedoch die Überlegenheit der SOM gegenüber klassischen, linearen Statistikverfahren, wie beispielsweise die Hauptkomponentenanalyse.

1.2.4   Ein wenig Theorie...

Voraussetzung für eine erfolgreiche Verwendung der SOM ist die topologieerhaltende Abbildung des Eingaberaums auf die Karte, d.h. auf der angelernten Karte sind auf benachbarten Neuronen ähnliche Gewichtsvektoren gespeichert. Ist dies nicht der Fall, erscheinen die resultierenden Komponentenkarten unstrukturiert und die Cluster auf der Karte zerrissen.

Trotz der sehr verbreiteten Anwendung der SOM verhält sich der Algorithmus sehr resistent gegenüber mathematischen Beschreibungen. Bei der Einstellung der Lernparameter behilft sich der Anwender mit einer Vielzahl von Heuristiken, die sich bei vielen Lernvorgängen bewährt haben, um diese topologieerhaltende Abbildung zu bekommen. Relativ gut erforscht ist die Abbildung eines Datensatzes auf eine eindimensionale Karte. In diesem Fall läßt sich leicht eine Ordnung der Gewichtsvektoren und somit eine Bedingung für die Topologieerhaltung definieren. Die Gewichtsvektoren auf der Neuronenkette müssen entweder in auf- oder absteigender Folge auf der Neuronenkette abgespeichert sein. Für jedes einzelne Neuron wird dann eine eigene Energiefunktion aufgestellt und mit dieser Menge von Funktionen das dynamische Verhalten der SOM beschrieben. Dieser komplexe Ansatz stößt für mehrdimensionale SOMs schnell an seine Grenzen. Andere theoretische Ansätze behelfen sich mit Analogien, d.h. Prozessen, die ein ähnliches Entwicklungsverhalten wie die SOM zeigen. Diese Ansätze führen im allgemeinen zu neuen selbstorganisierenden Lernalgorithmen.

1.2.4.1 Theoriegeschichte

Die theoretischen Ansätze verfolgen zwei Ziele, die Herstellung eines Bezuges zwischen Lernparametern und Lernergebnis und die Quantifizierung der Kartenentwicklung während des Lernvorganges.

Den ersten vollständigen Beweis der Konvergenz einer eindimensionalen SOM, die mit einer stufenförmigen Lernfunktion mit eindimensionalen, gleichverteilten Daten trainiert wird, lieferte Kohonen selbst [13, 9].

Eine Verallgemeinerung auf unterschiedliche Lernfunktionen im eindimensionalen Fall wird in [15] durchgeführt. Bestimmte Formen von Lernfunktionen führen immer zu gut geordneten Karten, d.h. Karten ohne topologische Defekte, wenn die Anfangsweite der Erregungsumgebung groß genug gewählt wird. Dazu gehört auch die häufig benutzte konvexe Adaptionsfunktion (siehe Gleichung 1.16).

Der Entwicklungsprozeß der SOM während des Lernens läßt sich in zwei Phasen unterteilen. Während der Selbstorganisationsphase ordnet sich die Karte im Eingangsraum. Sinkt die Weite der Adaptionsfunktion unter eine bestimmte Schwelle, approximiert sie die Feinstruktur des Eingaberaums. In dieser Phase der Konvergenz können sich topologische Defekte ausbilden. Die Karte faltet sich in den Eingaberaum.

Eine Übertragung der obigen Ergebnisse auf den mehrdimensionalen Fall ist nicht unproblematisch. In [16] wurde erstmalig gezeigt, daß keine globale, stetige Energiefunktion zur Beschreibung des Kartenzustands existiert. Daher muß für jedes einzelne Neuron der SOM eine eigene

Energiefunktion aufgestellt und minimiert werden.

Die Lokalität der Energiefunktionen stellt bis jetzt eine unüberwindliche Hürde für die mathematischen Betrachtungen der SOM dar. So wird in [17] bewiesen, daß n-dimensionale Karten immer ein Minimum erreichen, daß es aber unmöglich ist zu bestimmen, ob dieses Minimum global ist, d.h. die Gewichtsvektoren am besten geordnet sind.

1.2.4.2 Räumliche Betrachtung der Dynamik der selbstorganisierenden Karte

Nach [18] ist die SOM eine Verallgemeinerung der linearen Faktoranalyse. Statt linearer Hauptachsen oder Ebenen wird eine nichtlineare Hyperebene gesucht, deren Lage und Orientierung so gewählt werden, daß sich jeder Datenpunkt möglichst gut durch einen Punkt der Hyperebene approximieren läßt (Bild 1.15).

Die Dimension der Hyperebene ist dabei durch die Dimension der Karte gegeben. Die optimale Lösung für diese gekrümmte Fläche stellt eine Hyperebene dar, bei der der mittlere quadratische Abstand der Eingabevektoren zu dieser Hyperebene minimiert wird. Eine Hyperebene mit dieser Eigenschaft bezeichnet man als Hauptmannigfaltigkeit des Eingaberaums.

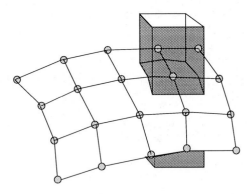

Bild 1.20 Zweidimensionales Kohonengitter als diskrete Approximation einer Hauptfläche

Die SOM stellt mit ihrer endlichen Zahl von Neuronen ein Näherungsverfahren zur Berechnung der höherdimensionalen kontinuierlichen

26

Hauptmannigfaltigkeit dar. In Bild 1.20 soll eine zweidimensionale SOM, bestehend aus einem zweidimensionalen Gitter von Neuronen, eine dreidimensionale Punktwolke approximieren. Jedem Gitterpunkt ist ein Volumenelement des Eingaberaums zugeordnet. Dieses Volumenelement wird von Ebenen begrenzt, die die Verbindungsstrecken zu den Gitternachbarn senkrecht halbieren. Das Gitter besitzt die Eigenschaften einer Hauptfläche, wenn jeder Gitterpunkt mit dem Schwerpunkt des im Volumen eingeschlossenen Teils des Eingaberaums zusammenfällt. Die Lage des Gitters im Eingaberaum wird iterativ durch den Lernprozeß bestimmt.

Diese räumlichen Betrachtungen führen zu einer globalen Sicht der Funktionsweise der SOM und zu Verbindungen zur Chaostheorie, die das Handwerkszeug zur Berechnung nichtlinearer Hyperflächen liefert.

Chaotische Betrachtungen der selbstorganisierenden Karte
Die topologische Intaktheit der angelernten Karte ist bestimmend für die Qualität der Lernergebnisse. Daher muß der Eingaberaum näher auf seine Struktur, dem Grad der räumlichen Ausbreitung, untersucht werden. Die SOM kann den Eingaberaum nur dann ohne Einfaltungen approximieren, wenn ihre Dimension der räumlichen Ausbreitung des Eingabedatensatzes entspricht.

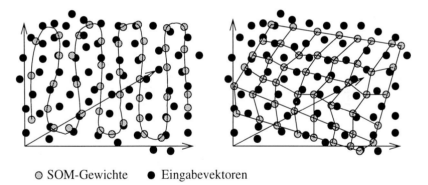

◎ SOM-Gewichte   ● Eingabevektoren

Bild 1.21 Lernen eines zweidimensionalen Datensatzes mit einer ein- und zweidimensionalen Karte

Versucht man, einen Eingabedatensatz mit einer zweidimensionalen räumlichen Ausdehnung mit einer eindimensionalen SOM zu lernen (Bild

27

1.21), so approximiert diese lineare Kette von Neuronen den Eingaberaum zwar vollständig, aber auf Kosten der Topologieerhaltung. Die SOM faltet sich in den Eingaberaum. Die zweidimensionale Karte erreicht die Approximation durch ein gleichmäßiges Gitter mit perfekter Topologieerhaltung. Benachbarte Neuronen auf der Karte repräsentieren einen benachbarten Bereich im Eingaberaum. Die Cluster des Eingabedatensatzes werden auf der Karte zusammenhängend abgebildet und nicht, wie im eindimensionalen Fall, auseinandergerissen (Bild 1.22).

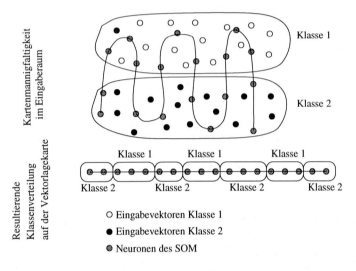

Bild 1.22 Effekt des Faltens auf die resultierende Cluster auf der Karte am Beispiel einer eindimensionalen Karte: die resultierende Vektorlagekarte erscheint zerrissen.

Leider ist die räumliche Ausbreitung des Datensatzes unabhängig von der Anzahl der Vektorkomponenten (algebraische Dimension). Mit der Methode der fraktalen Dimensionen, die im allgemeinen zur Charakterisierung der räumlichen Ausbreitung von Attraktoren, die aus unendlich vielen Datenpunkten bestehen, verwendet wird, läßt sich diese räumliche Ausbreitung der Datensätze bestimmen [19].

Das Prinzip der Bestimmung der fraktalen Dimensionen ist einfach. Ein Datensatz bestehend aus N Datenpunkten wird mit Volumenelementen $V_i(l)$ mit einer charakteristischen Größe l, z.B. Kugeln mit Radius l oder Hyperwürfel mit der Kantenlänge l, überdeckt und das Skalierungsverhalten einer bestimmten Eigenschaft der Datenpunkte in bezug zur abnehmenden Größe l der Volumenelemente gemessen. Im einfachsten Fall wird die Zahl der zur Überdeckung des Datensatzes nötigen Volumina bestimmt. Das Resultat ist eine abstrakte Definition der verallgemeinerten, fraktalen Dimensionen. Die allgemeine Formel für die verallgemeinerte fraktale Dimension lautet:

$$D(q) = \lim_{l \to 0} \frac{I^q}{\log(1/l)} \qquad (1.20)$$

mit I Informationsbegriff nach Shannon:

$$I^q(l) = \frac{1}{1-q} \log \sum_{i=1}^{A(l)} p_i^q(l) \qquad (1.21)$$

$A(l)$ ist die Anzahl Volumenelemente, die nötig ist, um den Datensatz zu überdecken;

p_i die Wahrscheinlichkeit, einen Punkt in einem Volumenelement

i zu lokalisieren;

l ist die Größe der Volumenelemente;

q ist eine beliebige reelle Zahl.

In Bild 1.23 ist ein Datensatz dargestellt, dessen Datenpunkte auf einer Ebene liegen. Zunächst wählt man einen Würfel, der alle Punkte überdeckt. Dieser enthält dann den gesamten Datensatz. Halbiert man seine Kantenlänge, so benötigt man vier Würfel, um den Datensatz zu überdecken. Es gibt sich somit folgendes Skalierungsverhalten: Wenn man die Kantenlänge der Würfel halbiert, benötigt man das Vierfache an Würfeln, um diesen Datensatz zu überdecken. Die resultierende fraktale Dimension beträgt daher 2.

Genaugenommen existiert nicht nur eine, sondern unendlich viele fraktale Dimensionen in Abhängigkeit von q. Für positive Werte von q, hat $D(q)$ eine physikalische Bedeutung. Die bekanntesten sind die verallgemeinerten Dimensionen für $q\epsilon[0..2]$.

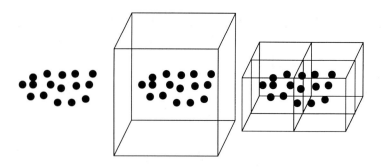

Bild 1.23 Prinzip der fraktalen Dimensionsbestimmung

$q = 0$ Bei der sogenannten kapazitiven Dimension wird das Skalierungsverhalten der Anzahl der zur Überdeckung des Datensatzes nötigen Volumenelemente, $A(l)$, zu deren abnehmender Größe l bestimmt. Das heißt, daß bei der fraktalen Dimensionsbestimmung im Beispiel $D(0)$ bestimmt wurde.

$q = 1$ Bei der Informationsdimension wird mit der Hilfe des Informationsbegriffs nach Shannon der Informationsgewinn gemessen, den man bei abnehmender Größe l der Volumina erhält. Die Wahrscheinlichkeit p_i, einen Punkt in einem Volumenelement zu lokalisieren, wächst mit abnehmender Größe l der Hyperwürfel.

$q = 2$ Bei der Korrelationsdimension wird die Anzahl von Punktepaaren (X_i, X_j) mit einem maximalen Abstand l bestimmt.

$q > 2$ Für $q > 2$ werden Korrelationen zwischen q Punkten bestimmt.

Die verallgemeinerten, fraktalen Dimensionen charakterisieren Feinstrukturen im Datensatz. Man kann unterschiedliche Dichteverteilungen und Selbstähnlichkeiten des Datensatzes mit Hilfe der $D(q)$ quantifizieren. Dabei werden die Feinstrukturen mit wachsendem q auf immer feinerem Niveau untersucht.

Untersucht man die Gewichtsvektoren der SOM mit den fraktalen Dimensionen, kann man die Entwicklung der Hyperebene der SOM bei der Approximation des Datensatzes charakterisieren. Der Lernvorgang läßt sich in drei Phasen unterteilen. In Bild 1.24 sind diese für eine zweidimensionale Karte, die einen inhomogenen zweidimensionalen Eingaberaum lernt, schematisch dargestellt.

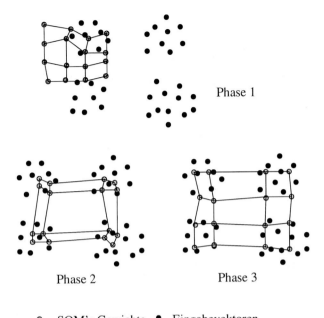

Phase 1

Phase 2   Phase 3

⊙ SOM's Gewichte   ● Eingabevektoren

Bild 1.24 Die 3 Phasen des Anlernvorgangs der selbstorganisierenden Karte

Phase 1 Während dieser Phase, der Selbstorganisation, orientiert sich die willkürlich initialisierte Karte im Eingaberaum. Die SOM sucht den Datensatz.

Phase 2 Die Karte hat den Datensatz im Zustandsraum „gefunden" und approximiert die Grobstruktur des Datensatzes. Sie bestimmt die grobe Clusterung des Eingaberaums. Nur Regionen mit hoher Datendichte werden durch die Karte repräsentiert.

Phase 3 In dieser Phase breitet sich die SOM über den gesamten Datensatz aus. Die Ebene der Karte legt sich an die des Datensatzes. Auch Regionen mit geringer Dichte der Eingabevektoren werden angelernt.

Phase 2 und 3 bilden zusammen die Konvergenzphase. Eine SOM mit zu niedriger Kartendimension zur Approximation des Eingabedatensatzes faltet sich in der Konvergenzphase in den Eingaberaum.

31

Ausführliche Betrachtungen von Zusammenhängen zwischen der SOM und den fraktalen Dimensionen finden sich in [20].

Die im vorherigen Abschnitt beschriebenen Eigenschaften der SOM führen dazu, daß diese, aus dem statistischen Blickwinkel heraus gesehen, eine nichtlineare Erweiterung der unterschiedlichsten Statistikverfahren bildet. Dazu gehören insbesondere die Hauptkomponentenanalyse und die Vektorquantisierung. Die Eigenschaft der SOM, einen hochdimensionalen Eingaberaum auf eine niederdimensionale Karte abzubilden, führt zu einer Dimensionsreduktion des Eingaberaums und somit zu einer Art Datenkompression. Dabei ist ein weiterer großer Vorteil gegenüber klassischen Statistikverfahren, daß der Anwender Zusammenhänge der Daten nicht kennen muß. Diese werden durch die SOM selbstorganisierend gefunden.

Die unterschiedlichen Eigenschaften der SOM machen das neuronale Netz zu einem leistungsfähigen Werkzeug für die Analyse und Auswertung unterschiedlicher Datensätze, was im folgenden an einer Auswahl unterschiedlicher Anwendungen demonstriert werden soll. Anwender berichten über ihre Erfahrung mit der SOM und zeigen die Vorteile gegenüber anderen Verfahren auf.

Kapitel 2
Die selbstorganisierende Karte in der Bildverarbeitung

Die selbstorganisierende Merkmalskarte von Kohonen besitzt mehrere Eigenschaften, die sie für Aufgabenstellungen aus dem Bereich der Bildverarbeitung attraktiv macht. Schlüsseleigenschaften sind die Quantisierungseigenschaft sowie die dimensionsreduzierende, topologieerhaltende Abbildung aus dem hochdimensionalen Raum der Eingangssignale auf die niederdimensionale Karte.

Im folgenden wird für jede dieser Schlüsseleigenschaften ein Anwendungsbeispiel aus dem Bereich der Bildverarbeitung gegeben. An der Technischen Hochschule Darmstadt wird die SOM von A. König, C. Schäfer und M. Glesner für die Bildverarbeitung intensiv benutzt.

2.1 Bildkodierung durch Vektorquantisierung

Im Rahmen der Entwicklung im Multi-Mediabereich stellt Datenkompression und speziell die Bilddatenkompression oder Bildkodierung ein wichtiges Gebiet dar, das intensiv vorangetrieben wird. Vor allem steht die Umsetzung der entwickelten Algorithmen durch schnelle, echtzeitfähige Hardware im Vordergrund. Für die Kodierung von Standbildern bzw. Bildsequenzen sind eine Reihe von Standards definiert worden, wie z.b. JPEG (Joint Photographic Expert Group), MPEG (Motion-Picture-Expert-Group) oder H.261 (siehe [21]).

Bei der Übertragung von Bildtelefondaten ist es das Ziel, mit einer möglichst geringen Kanalkapazität ein Bild über eine $n \times 64$kBit-Leitung zu übertragen. Eine verlustfreie Kodierung ist bei den geforderten Kompressionsraten nicht mehr möglich. Bei den Methoden der verlustbehafteten Kompressionsverfahren ist darauf zu achten, daß der entstehende Rekonstruktionsfehler den subjektiven Bildeindruck möglichst wenig verschlechtert. Dazu müssen durch die eingesetzten Verfahren vor allem Redundanz und Irrelevanz aus den Bildern entfernt werden.

33

Ein Verfahren zur Bildkodierung ist die Vektorquantisierung [22]. Sie nutzt die Korrelation benachbarter Pixel, indem Pixelgruppen zu Blöcken zusammengefaßt und gemeinsam als Pixelvektor quantisiert werden. Zur Quantisierung werden anhand einer für das zu übertragende Bildmaterial statistisch repräsentativen Stichprobe eine festgewählte Zahl von Repräsentantenvektoren berechnet, die das sogenannte Kodebuch der Kodierung darstellen. Im Kodierungsschritt wird Block für Block des Quellbildes mit allen Einträgen des Kodebuchs verglichen und der ähnlichste Kodebuchvektor bestimmt. Dessen Index wird nun anstelle des ursprünglichen Bildblocks zum Empfänger übertragen. Dort wird er praktisch als Adresse des Kodebuchs, das in identischer Form im Empfänger vorliegt, verwendet, der entsprechende Bildblock ausgelesen und in das Empfängerbild eingetragen. Der Übertragungsfehler bestimmt sich aus der Differenz zwischen ursprünglichem Bildblock und dem durch die Quantisierung gewählten Kodebuchblock.

Die Kohonenkarte kann in dieser Aufgabenstellung an zwei Punkten zum Einsatz kommen. Einmal kann das Kodebuch durch den Lernvorgang der Karte generiert werden. Es wird also eine Karte von beispielsweise 32×32 Neuronen bestimmt. Die Länge der Gewichtsvektoren wird durch die Größe der Bildblöcke in der Kodierung bestimmt, für die typischerweise $8 \times 8 = 64$ gewählt wird. Die Bildblöcke der Stichprobe werden dann im Lernvorgang präsentiert, wodurch die Gewichtsvektoren der Kohonenkarten zu den Repräsentantenvektoren des Kodebuchs werden (Vektorquantisierung). Weiterhin kann die Karte direkt zur Kodierung verwendet werden, da die Auffindung des ähnlichsten Kodebuchvektors identisch ist mit der Bestimmung des Gewinnerneurons in der Karte, d.h. nahe des Neurons, das den ähnlichsten Gewichstvektor zum Eingabevektor gespeichert hat, bzw. des ähnlichsten Musters in neuronenähnlichen Assoziativspeichern [23]. Eine effiziente VLSI-Implementierung dieser Gewinnersuche in der Kohonenkarte bzw. in Assoziativspeichern stellt also gleichzeitig einen effizienten, echtzeittauglichen Vektorquantisierer dar [24] [25] [26].

Bild 2.1 gibt ein Beispiel der Kodierung durch Vektorquantisierung mit der Kohonenkarte. In diesem einfachen Beispiel ist die Karte mit den Blöcken eines Bildes aus der für Bildkodierungszwecke üblichen Sequenz *claire* angelernt und im nächsten Schritt das Bild mit der angelernten Karte quantisiert worden.

Bei dem Bild aus der Sequenz *claire* handelt es sich um die Luminanzkomponente eines 352×288 Pixel großen Videotelefonbildes mit 8 Bit

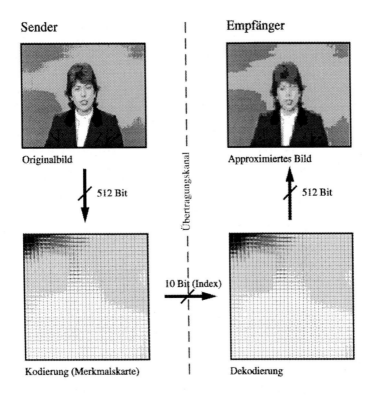

Sender		Empfänger

Originalbild

512 Bit

Übertragungskanal

Approximiertes Bild

512 Bit

10 Bit (Index)

Kodierung (Merkmalskarte)

Dekodierung

Bild 2.1 Prinzip der Bildkodierung durch Vektorquantisierung

pro Pixel. Bei 8 × 8 Pixel großen Bildblöcken sind für einen Bildblock 512 Bit zu übertragen. Bei einer Karte mit 32 × 32 Neuronen beträgt der Index eines Kodebuchblocks 10 Bit. Da nur diese Indices anstelle des ursprünglichen Bildblocks über den Kanal übertragen werden, ergibt sich ein Kompressionsfaktor von 51,2 bzw. eine Rate von 0,16 Bit per Pixel. Die Qualität der so kodierten Bilder liegt im Bereich von 30 – 40 dB. Das vorgestellte Kodierungsbeispiel dient nur der Veranschaulichung der Einsatzmöglichkeit der Kohonenkarte. In einer praktischen Verwendung werden eine Reihe von Erweiterungen für eine Bildkodierung vorgenommen.

Auch in der Praxis wird eine Quantisierung kaum direkt, sondern als Folgestufe einer Transformation, wie der *Diskreten Cosinus Transformation* (DCT), einer Reduktion durch die ersten n Hautpkomponenten oder einer hierarchischen Verarbeitung mit mehreren neuronalen Netzen eingesetzt werden [27] [28].

Die Vektorquantisierung dient dann der Quantisierung der Koeffizienten der gewählten Transformation. Dies hat den Vorteil, daß einerseits höhere Kompressionsraten erreicht werden können und andererseits der Quantisierungsfehler nach der Rücktransformation über den ganzen Bildblock verteilt ist. Dies mindert beispielsweise die visuell störende Strukturierung des Bildes durch die Blockgrenzen. Als wesentliche Vorteile der Karte sind hier die günstige Implementierung durch echtzeitfähige Hardware und die Ausbaumöglichkeit zu einem adaptiven System zu nennen [26] [29]. Im Fall eines adaptiven Systems kann bei Szenen- oder Sprecherwechsel eine Adaptierung des Kodebuchs zur Qualitätsverbesserung bei kurzzeitigem Absinken der Kompressionsrate erfolgen [30].

2.2 Stichprobenvisualisierung in der sichtgestützten industriellen Qualitätssicherung

Die Kohonenkarte findet in der Mustererkennung häufig in der Klassifizierung Verwendung. Hierbei ist jedoch in der Regel die Karte nur ein Teil des Klassifizierers.

Eine weitere Einsatzmöglichkeit der Karte nutzt die dimensionsreduzierende, topologieerhaltenden Abbildung für die Visualisierung und Analyse von Datensätzen in der Mustererkennung. Hier wird in der Regel von den bekannten Klassenzuordnungen der Stichprobenelemente Gebrauch gemacht. Es besteht aber auch die Möglichkeit, explorativ Wissen über Strukturen in den Daten zu gewinnen und Gruppierungen vorzunehmen.

Der Nutzen des Einsatzes der Karte zur Visualisierung unter Verwendung der Klassenzuordnungen liegt darin, daß auf der Kartenoberfläche die prinzipielle Struktur der Datensätze, wie z.B. die Zahl der Moden, die Separierbarkeit und die Überlappung inspiziert werden können. Weiterhin kann durch Eintragen der Klassengrenzen eine visuelle Begutachtung der Merkmale in den Komponentenkarten erfolgen. Dabei wird geprüft, ob zwischen den Merkmalen Korrelationen bestehen (Redundanz) oder ob Merkmale durch ihren Wertebereich, den sie in den jeweiligen Klassengebieten einnehmen, zur Unterscheidung beitragen (Relevanz). Durch die Visualisierung kann auch die Wirkung einer Parametervariation in einem Merkmalgenerierungsverfahren durch zwei aufeinanderfolgende Abbildungen visuell bewertet werden.

Diese Verwendungsmöglichkeiten sollen im folgenden anhand eines konkreten Beispiels aus der sichtgestützten Inspektion von Objekten in der automatisierten industriellen Qualitätskontrolle demonstriert werden. Die Beispiele entstammen den Arbeiten zum BMFT-Verbundprojekt SIOB[1].

Eine konkrete Aufgabe während der Forschungsarbeit war die Prüfung eines Leitungsschutzschalters LS (s. Bild 2.2) auf Fehler, wie z.b. Risse, Kratzer, Verschmutzungen, fehlende Teile oder mangelhafte Beschriftungen. Unter anderem wurden mit konventionellen Methoden der Bildverarbeitung Merkmale für die diversen Regionen des LS gewonnen. Hier sollen nun zwei Regionen mit den zugehörigen Merkmalen als Beispiele der Visualisierungsmöglichkeiten mit der Kohonenkarte herangezogen werden. Dies sind die untere Polklemmenregion, die auf Präsenz der Schraube mittels Grauwerthistogrammen geprüft wird, sowie die Knebelregion, die über einen Segmentierungsansatz auf Ausbrüche und Risse im Knebelbereich inspiziert wird. Bild 2.3 zeigt, wie durch Segmentierung des Grauwertbilds charakteristische Regionen für einen einwandfreien und einen fehlerhaften Knebel gewonnen werden. Diese Regionen können durch einfache geometrische Attribute, wie z.B. Fläche, Schwerpunkt und umschreibendes Rechteck, kompakt beschrieben werden.

Die berechneten Merkmale können für einzelne Schalter durchaus individuell gesichtet und die Parameter des Merkmalgenerierungsverfahrens optimiert werden. Dies ist jedoch für die gesamte Stichprobe nicht praktikabel. Lernt man nun eine Kohonenkarte mit den im allgemeinen

---

[1] Das Forschungsprojekt *Integration modularer neuronaler und wissensbasierter Komponenten zur sichtgestützten Inspektion von Objekten in einer industriellen Umgebung* mit der Kurzform SIOB (Sichtgestützte Inspektion von OBjekten), FKZ IN 01 110 B/6, wurde vom Bundesministerium für Forschung und Technologie im Zeitraum vom 01.07.1991 bis zum 31.12.1994 als Verbundvorhaben in der Informationsverarbeitung gefördert. Ziel der Forschungsarbeit war die Entwicklung eines flexiblen generischen Inspektionssystems für die sichtgestützte Inspektion von Objektoberflächen in industrieller Umgebung, durch die Integration von Methoden der Bild-, Wissens- und Musterverarbeitung, speziell mit neuronalen Netzen. Die Verbundpartner waren das Fraunhofer-Institut für Informations- und Datenverarbeitung **IITB** Karlsruhe, das Fachgebiet Mikroelektronische Systeme der Technischen Hochschule Darmstadt **THD** und die **danet** GmbH Darmstadt, GS KI.

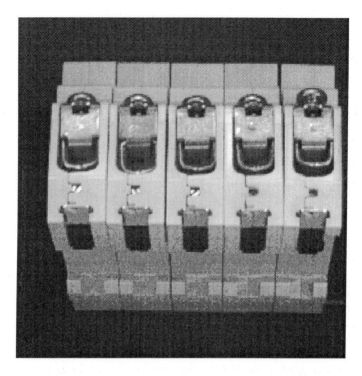

Bild 2.2 Prüfobjekt Leitungschutzschalter: LS-Oberseite (links) Mehrfachbaugruppe (rechts), Kalibrierschrauben nur zum Teil mit Lacksicherung versehen

hochdimensionalen Daten an, so kann auf einer zweidimensionalen Kartenoberfläche eine Begutachtung der visualisierten Merkmaldaten und Klassengebiete erfolgen. Bild 2.4 zeigt die Vektorlagekarte zu den fünfdimensionalen Merkmaldaten aus der Prüfregion Knebel. Bei der Darstellung wurde eine vollständige Zuordnung aller Kartenneuronen zu den Klassenzuordnungen des jeweiligen nächsten Nachbarn in der Lernstichprobe vorgenommen. In der Darstellung sind die vorhandenen Regionen bzw. Klassengebiete wiedergegeben.

Zusätzlich zu einer Bewertung des gesamten Merkmaldatensatzes kann nun auch der Beitrag einzelner Merkmale über die Komponentenkarten visuell begutachtet werden. Einmal können Merkmale, die einen nahezu identischen Verlauf der Komponentenkarte zu einem anderen Merk-

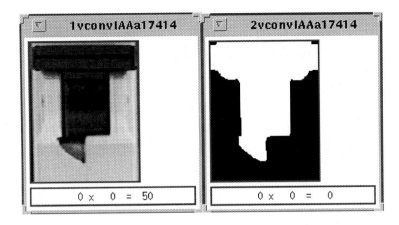

Bild 2.3 Flächenmessung für einen Knebelfleck: Flächenmessung für einen intakten (7550 Pixel) und einen fehlerhaften Knebelbereich (8693 Pixel) des LS.

mal aufweisen, eliminiert werden. Weiterhin können Merkmale durch Einzeichnung der Klassengrenzen in der Komponentenkarte daraufhin visuell geprüft werden, ob sie innerhalb je eines Klassengebiets einen charakteristischen Wertebereich aufweisen oder ob sie im Extremfall in jedem Klassengebiet jeden Wert annehmen. Ein Merkmal mit der letzteren Charakteristik ist der Erkennung nicht dienlich und kann außer Betracht gelassen werden.

Im Bild 2.5 sind die Komponentenkarten der Merkmale 1, 3 und 5 wiedergegeben. Die visuelle Analyse zeigt, daß die ersten drei Merkmale für die Unterscheidung nicht signifikant sind, sondern nur die beiden letzten Merkmale. Dies wird mit Hilfe der farblich unterschiedlich markierten Klassengebiete visuell offenbar, da sich ein signifikantes Merkmal durch einen deutlich unterschiedlichen Wertebereich in den jeweiligen Klassengebieten auszeichnet. Ein wenig oder gar nicht signifikantes Merkmal nimmt jedoch in jedem Klassengebiet praktisch alle möglichen Werte an. Ein signifikantes Merkmal hat beispielsweise in einem Klassengebiet nur große Rechtecke, im anderen Klassengebiet nur kleine Rechtecke. Ein unwichtiges Merkmal weist alle Rechteckgrößen in jedem Klassengebiet auf. Färbung und Größe bei der Darstellung sind auffällig und daher für das Auge des Betrachters qualitativ gut auswertbar.

Bei dem zweiten Datensatz, der aus Grauwerthistogrammen mit 256

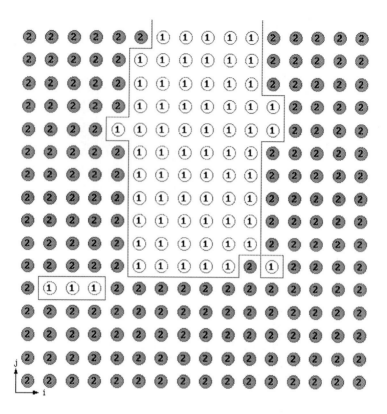

Bild 2.4 Vektorlagekarte der fünfdimensionalen Merkmale zur Region Knebel

Komponenten aus der Region Polklemme besteht, ist eine Begutachtung der Komponentenkarten nicht sinnvoll. Bild 2.6 zeigt für die Prüfregion Polklemme die resultierende Vektorlagekarte. Bei diesem Beispiel ist als markanter Unterschied gegenüber dem Datensatz aus der Region Knebel die gute Trennung zwischen den beiden Klassengebieten zu erkennen.

Die Vektorlagekarte gibt über die Topologie, d.h. die Nachbarschaften, des betrachteten Datensatzes Auskunft, jedoch gibt sie keine Information über die tatsächliche Distanz zwischen den einzelnen Neuronen der Karte und damit über das tatsächlich von einem Klassengebiet eingenommene Raumvolumen bzw. die freien Räume zwischen Klassengebieten (Separierbarkeit).

40

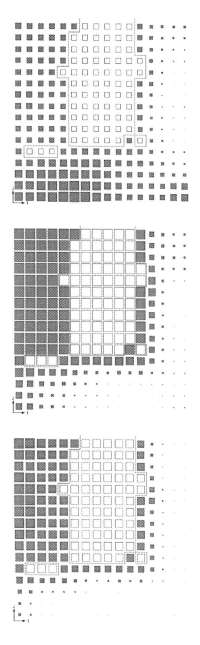

Bild 2.5 Komponentenkarten der Merkmale 1, 3 und 5 zur Prüfregion Knebel

41

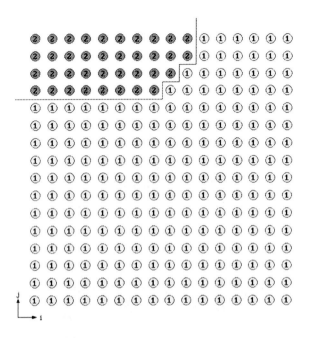

Bild 2.6 Vektorlagekarte zur Prüfregion Polklemme

Eine Möglichkeit, zusätzliche Information über den Datensatz zu gewinnen, liegt darin, die Abstände in der zweidimensionalen Visualisierung zu erfassen. Das Ziel bei einer solchen distanzerhaltenden Projektion ist es, die im hochdimensionalen Ursprungsraum der Daten vorliegenden Abstände zwischen den einzelnen Gewichtsvektoren bei der Abbildung auf zweidimensionale Repräsentantenvektoren in der Ebene zu bekommen. Natürlich werden dabei nicht alle Abstände fehlerfrei erhalten bleiben können, aber die wesentliche Struktur der Daten wird offenbar. Ein anschauliches Beispiel ist ein dreidimensionales Modellmolekül eines Chemiebaukastens. Preßt man dieses in die Ebene, so werden einige seiner Zweige gegeneinander verschoben, aber die wesentliche Struktur des Moleküls bleibt auch in der Ebene beobachtbar.

Geht man in dieser Weise mit den Gewichtsvektoren der Karte vor, so erhält man ergänzend eine Vorstellung der tatsächlichen Distanzen und Ausdehnungen der Klassengebiete im Merkmalraum. Ein schnelles Verfahren für eine solche abstandserhaltende Projektion ist beispielsweise das Visor-Verfahren [31], mit dem die abstandserhaltenden Abbildungen

42

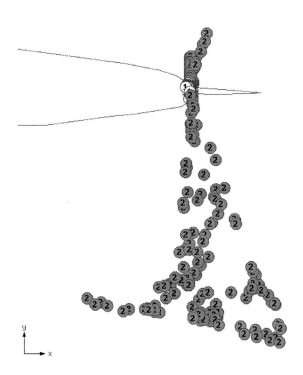

Bild 2.7 Distanzerhaltende Projektion der Gewichtsvektoren der Merkmalskarte in die Ebene

der Gewichtsvektoren zu den Daten der Prüfregion Knebel in Bild 2.2 bzw. Polklemme in Bild 2.8 erzeugt wurden. Die Kohonenkarte ist praktisch das einzige bislang publizierte Verfahren zur topologieerhaltenden, dimensionsreduzierenden Abbildung. Im Verbund mit distanzerhaltenden Projektionen ist sie ein nützliches Werkzeug für die Visualisierung in Aufgaben der Mustererkennung. Die Visualisierung bietet eine Transparenz bezüglich der betrachteten Daten, die ein wertvolles Gegenstück zur Bestimmung von Regeln mittels Methoden der Fuzzy-Logik darstellt. Häufig ist dem Benutzer eine Visualisierung intuitiv zugänglicher als eine möglicherweise hohe Zahl von Regeln.

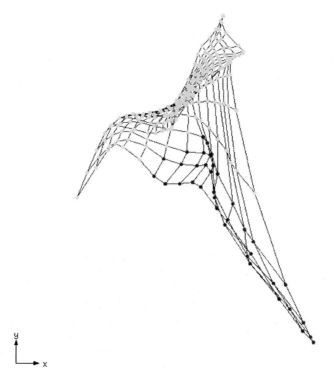

Bild 2.8 Distanzerhaltende Projektion der Gewichtsvektoren der Merkmalskarte zur Prüfregion Polklemme

Auch für Aufgaben der Visualisierung stellt die Anlernphase einen beträchtlichen Aufwand dar, der aber durch Einsatz eines geeigneten Beschleunigers beherrschbar wird [29].

Kapitel 3
Die selbstorganisierende Karte in der Sprachverarbeitung: Aufbau phonologischer und semantischer Räume

Dieses Kapitel beschreibt die Anwendung der SOM für linguistische bzw. psycholinguistische Fragestellungen, die zu lösen sind, wenn man die Produktion von Sprache, d.h. das Sprechen modellieren und auf einem Computer simulieren will.

Mit der SOM lassen sich aus empirischen Daten phonologische und semantische Räume erzeugen, wobei die sich bildenden Gruppierungen auf zugrundeliegende Merkmale schließen lassen, die zum Teil denen entsprechen, die durch linguistische Theorien postuliert werden. Die SOM hat dabei den Vorteil, daß die für Analyse und Interpretation zu fordernden theoretischen Annahmen gering sind. Das Verfahren hat - gegenüber ähnlichen Methoden wie der Clusteranalyse - außerdem die Vorteile, daß die Dimensionierung des vorzugebenden Zielraums bewertet werden kann und daß die entstehenden Karten direkt in andere Netzwerke, hier ein lokales konnektionistisches Netz für den kognitiven Prozeß der Sprachproduktion, eingebaut werden können.

U. Schade von der Universität Bielefeld beschäftigt sich intensiv mit dem Einsatz der SOM in der Linguistik.

3.1 Modellierung von Sprachproduktion

Zum Vorgang des Sprechens gehört nicht nur der unmittelbar zugängliche, also hörbare Aspekt der Erzeugung von Lauten. Sprechen beinhaltet vor allem vielfältige kognitive Prozesse, die der Lauterzeugung vorgeschaltet sind. Genauer läßt sich das Sprechen als Abfolge von ineinandergreifenden Auswahlprozessen verstehen: Ein Sprecher muß sich entscheiden, was er sagen will, d.h. welche von den vielen Informationen, die er im Prinzip übermitteln kann, die im Augenblick „richtige" ist.

Dann muß er sich entscheiden, wie er diese Information ausdrücken will, welche grammatische Konstruktion er verwendet, welche Wörter usw. So kann man z.b. den Sachverhalt, daß Claudia beim Sandkastenspiel den großen Arnold körperlich attackiert, mit einem Aktiv- oder einem Passivsatz beschreiben, je nachdem, welche Perspektive man einnehmen will:

(1) Claudia schlägt Arnold.

(2) Arnold wird von Claudia geschlagen.

(3) Claudia schlägt/verhaut/verprügelt/ ... Arnold.

Auch das Verb, mit welchem man Claudias Übergriff bezeichnet, ist aus einer ganzen Reihe von semantisch, d.h. in bezug auf ihre Bedeutung ähnlichen Wörtern zu bestimmen, wie obiges Beispiel 3 verdeutlicht. Schließlich muß der Sprecher auch bei der Artikulation seines Satzes, also bei der Produktion der Laute, die die Wörter ausmachen, ständig eine Entscheidung treffen, nämlich die Entscheidung für den nächsten zu äußernden Laut.

Auswahlprozesse lassen sich ausgezeichnet mit neuronalen Netzwerken modellieren, denn

- die Netzwerke sind *robust*, d.h., sie entscheiden sich in jedem Fall für eine der vorhandenen Möglichkeiten, also auch unter dem Einfluß von Störungen,

- über eine vorgegebene Aktivierungsfunktion läßt sich eine Vielzahl unterschiedlich gewichteter interagierender Einflüsse auf die Entscheidungen einfach miteinander verrechnen,

- sie können darauf trainiert werden, die Entscheidungen „richtig" zu treffen.

Wir wollen im folgenden exemplarisch zeigen, wie Kohonen-Karten für Auswahlprozesse auf der lexikalisch-semantischen Ebene, also bei der Wortwahl, und auf der phonologischen Ebene, also bei der Bestimmung des nächsten zu äußernden Lautes, trainiert werden können. Die angelernten Karten werden in ein Basismodell für die Sprachproduktion integriert, welches eine Variante der sogenannten „lokalen" Netzwerke ist, die für die Modellierung der Sprachproduktion besonders geeignet sind ([32], [33]; vergleiche auch [34]; [35]; [36]; sowie zu der hier angenommenen Variante [37]). Lokale konnektionistische Modelle besitzen die beiden ersten der oben angeführten Vorteile. Ihre Architektur ist jedoch gewöhnlich „von Hand" kodiert und nicht trainiert. Eine solche Kodierung ist unproblematisch, solange man weiß, welche linguistischen Einheiten gewissermaßen kognitiv real sind, d.h. welche Einheiten für Sprecher wirklich relevant sind,[1] und solange die Beziehungen zwischen diesen Einheiten auf der Hand liegen. Die Relationen zwischen Wörtern und ihren Bedeutungen sind zwar in der Linguistik theoretisch behandelt worden, ob die dort postulierten Relationen aber kognitiv relevant sind, bleibt noch zu erforschen. Ebenso gibt es theoretisch motivierte Vorschläge zu den Beziehungen zwischen den Lauten einer Sprache, doch auch diese gilt es aus einer kognitiven Perspektive zu hinterfragen. Wir benutzen Kohonen-Karten um solche Beziehungen - ausgehend von kognitiv relevanten Rohdaten - zu berechnen ohne zu viele theoretische Annahmen machen zu müssen.

3.2 Phonologische Karten

Die Phonologie ist die Teildisziplin der Linguistik, die sich mit dem Lautsystem einer Sprache beschäftigt. Da Laute, wenn sie gesprochen werden, nie völlig identisch sind, geht die Phonologie von abstrakten Generalisierungen, den *Phonemen* aus. Die einzelnen Phoneme sind letztlich durch die Position definiert, die sie im System aller Phoneme einer Sprache einnehmen [39]. Die Position eines Phonems wird somit charakterisiert durch seine Ähnlichkeiten und Unterschiede zu den anderen Phonemen der betrachteten Sprache. Eine einfache Möglichkeit, Ähnlichkeiten und Unterschiede von Phonemem auszudrücken, besteht darin, eine Menge von phonologischen Merkmalen zu definieren und jedem Phonem seine Merkmale zuzuordnen.

Betrachten wir die beiden Phoneme /p/[2] und /b/. Es sind zwei verschiedene Phoneme, weil z.B. die beiden Wörter „packen" und „backen" unterschiedliche Bedeutung haben und sich nur in ihrem ersten Laut unterscheiden. Das Merkmal, welches /p/ und /b/ unterscheidet, ist die

---

[1] Zur Begründung der kognitiven Realität von Wörtern und Phonemen, d.h. grob gesprochen Lauten (siehe weiter unten) vgl. [38].

[2] Die Schreibweise mit Schrägstrichen soll andeuten, daß wir es hier mit Phonemen und nicht mit Buchstaben zu tun haben.

Stimmhaftigkeit, /p/ ist stimmlos, /b/ ist stimmhaft. In anderer Hinsicht haben beide Phoneme identische Merkmale: Sie werden am selben Ort artikuliert, nämlich mit beiden Lippen, und sie werden auf dieselbe Art artikuliert, nämlich als Plosive.[3] Damit haben wir die beiden anderen phonologischen Merkmale, *Artikulationsort* und *Artikulationsart*, die in einem „klassischen" Merkmalssystem angenommen werden. /p/ und /t/ unterscheiden sich nur in bezug auf den Artikulationsort, während /p/ ein Bilabial (Lippenlaut) ist, ist /t/ ein Alveolar (Oberkieferlaut). /b/ und /v/ unterscheiden sich nur in bezug auf die Artikulationsart, während /b/ ein Plosiv (Verschlußlaut) ist, ist /v/ - wie am Beginn von „Wanne" - ein Reibelaut oder Frikativ.

Neben diesem grob beschriebenen klassischen System gibt es in der Phonologie allerdings sehr viele Vorschläge für Merkmalssysteme. Alle Systeme stützen sich zwar auf empirische Beobachtungen, sie sind aber auch stark theoriegeleitet, so daß in der Linguistik je nach angenommener linguistischer Theorie eine Vielzahl von Systemen nebeneinander existieren. Da wir für unsere Zwecke einen Unterbau von Merkmalen zu den im Modell vorhandenen Phonemen benötigen, haben wir versucht, nicht theoriegeleitet vorzugehen, sondern die phonologischen Merkmale als Kohonen-Karte zu berechnen. Ausgangspunkt dafür waren empirische Daten über phonologische Versprecher:[4]

(4) Sie bewegt sich schaarscharf auf dem Grad des Möglichen.

(5) Da mußt Du son paar Partei- Karteikarten ausfüllen.

(6) Ich geh jetzt in die Wadebanne.

In derartigen Versprechern interagieren jeweils zwei Phoneme. So verdrängt in (4) das Fehlerphonem /ʃ/ das Zielphonem /h/, in (5) das /p/ das /k/, und in (6) tauschen /v/ und /b/ ihre Plätze. Interessant ist dabei, daß Ähnlichkeit zwischen Ziel- und Fehlerphonem, wie immer diese auch genau definiert sein mag, offenbar förderlich für Versprecher ist (vgl. [40]S. 149; [34]S. 49). Dementsprechend lassen sich die Häufigkeiten, mit denen ein Phonem mit den jeweils anderen Phonemen interagiert, zu

---

[3] Machen Sie selbst ein Experiment und beobachten Sie sich genau beim Sprechen von /p/ und /b/, so wie Sie es in der Grundschule gelernt haben! Also nicht „pe" und „be" sagen, sondern „pö" und „bö"

[4] Die zitierten Versprecher entstammen dem von Thomas Berg gesammelten Korpus für das Deutsche (vgl. [34]), welches 1271 konsonantische und 504 vokalische Phonemversprecher enthält.

	p	t	k	b	d	g
p		20	12	7		1
t	14		37		5	
k	8	20				2
b			1		6	10
d		4		20		21
g			9	20	13	

Bild 3.1 Ausschnitt aus Bergs Verwechslungsmatrix für das Deutsche

einem Vektor dieses Phonems normiert anordnen, der dann als Eingabevektor für den Aufbau einer Kohonenkarte dienen kann. Wir haben für die Häufigkeiten die entsprechende Matrix in [34] verwendet, weil sich diese auf das Deutsche bezieht. Einen kleinen Ausschnitt dieser Matrix zeigt Bild 3.1. Entsprechende Matrizen liegen auch für das Englische (s. [41] oder [42]) und das Niederländische (s. [43]) vor.

3.2.1 Konsonanten

Da in Versprechern Konsonanten und Vokale nicht interagieren, kann man die beiden Gruppen getrennt behandeln und entsprechend getrennt Karten berechnen. Bezüglich der Konsonanten haben wir uns auf die 16 Konsonanten beschränkt, die in Versprechern ausreichend häufig vorkommen. Dies sind: /p/, /t/, /k/, /b/, /d/, /g/, /m/, /n/, /l/, /r/, /f/, /v/, /s/, /z/, /ʃ/ und /č/.

Vertauschungsmatrizen für Versprecher sind asymmetrisch, weil die Phoneme nicht unbedingt gleich häufig als Ziel- und als Fehlerphonem agieren. So verdrängt in Bergs Korpus ein /t/ das /p/ in 20 Fällen, wohingegen das /p/ umgekehrt nur in 14 Versprechern das /t/ ersetzt. Um Effekte, die evtuell durch diese Asymmetrie auftreten könnten, auszuschließen, haben wir beide Häufigkeiten getrennt im nichtsymbolischen Anteil der Eingabevektoren berücksichtigt. Der nichtsymbolische Anteil der Eingabevektoren hat also 32 Einträge. Für den symbolischen Anteil der Vektoren haben wir 16 Koordinaten reserviert, von denen für jedes Phonem genau eine (jeweils andere) Koordinate mit einem Wert ungleich Null belegt ist.[5]

Eine der Karten, die unsere Computersimulation berechnet hat, findet sich in Bild 3.2. Bilder dieser Art vermitteln eine Vorstellung von dem sich in der Karte bildenden phonologischen Raum. Eine solche Karte läßt sich leicht in das lokale konnektionistische Produktionsmodell einbauen. Die in Bild 3.2 dargebotene Karte zeigt im übrigen einige der Merkmale, die man erwarten kann. So liegen etwa die Regionen für /l/ und /r/ nebeneinander, und die Karte läßt sich in zwei zusammenhängende Gebiete zerlegen, wovon das eine die stimmhaften und das andere die stimmlosen Konsonanten beherbergt.

Eine einzelne errechnete Karte ist natürlich nicht unbedingt repräsentativ für ein zu behandelndes Problem, da ja zu Beginn des Rechenprozesses jeder Eingabeknoten mit jedem Knoten der Karte über eine Leitung zufälliger Stärke verbunden ist und weil eventuell diese zufällig ausgewählten Anfangswerte für die Leitungsstärken eine Auswirkung auf die jeweils resultierende Karte haben könnten. Entsprechend haben wir zu jedem Problem stets 1 000 Karten berechnet (bei 10 000 Berechnungszyklen pro Karte), um eventuelle zufällige Einzelresultate durch statistische Methoden ausfiltern zu können. Ein typisches Ergebnis dieser statistischen Behandlung ist die in Bild 3.3 gegebene Matrix, die die mittleren Abstände (über alle berechneten 1 000 Karten) für Phoneme untereinander in den Karten wiedergibt. Der Durchschnitt der mittleren Abstände wurde auf den Wert 100 normalisiert; die normalisierte Standardabweichung ist in diesem Fall 28, was bedeutet, daß Phoneme mit einem mittleren Abstand von 72 oder niedriger dazu tendieren, in den Karten nebeneinander zu liegen. Wie aus der Bild 3.3 ersichtlich ist, bilden sich dabei fünf Cluster von Phonemen, wobei die Angehörigen eines Clusters nahezu immer untereinander benachbart sind. Diese Clusterbildung kann interpretiert werden, wie wir im folgenden vereinfacht aufzeigen wollen.

Ausgangspunkt für unsere Berechnungen sind empirische Daten, nämlich Daten über phonologische Versprecher. Entsprechend stehen hinter den Berechnungen keine theoretisch geforderten Annahmen über phonologische Merkmale. Trotzdem lassen sich die auftretenden Clusterungen dahingehend interpretieren, daß einige der in linguistischen Theorien angenommenen phonologischen Merkmale den Clusterungen zugrunde liegen.

---

[5] Der einzutragende Wert variiert aufgrund der Normierung der Eingabevektoren.

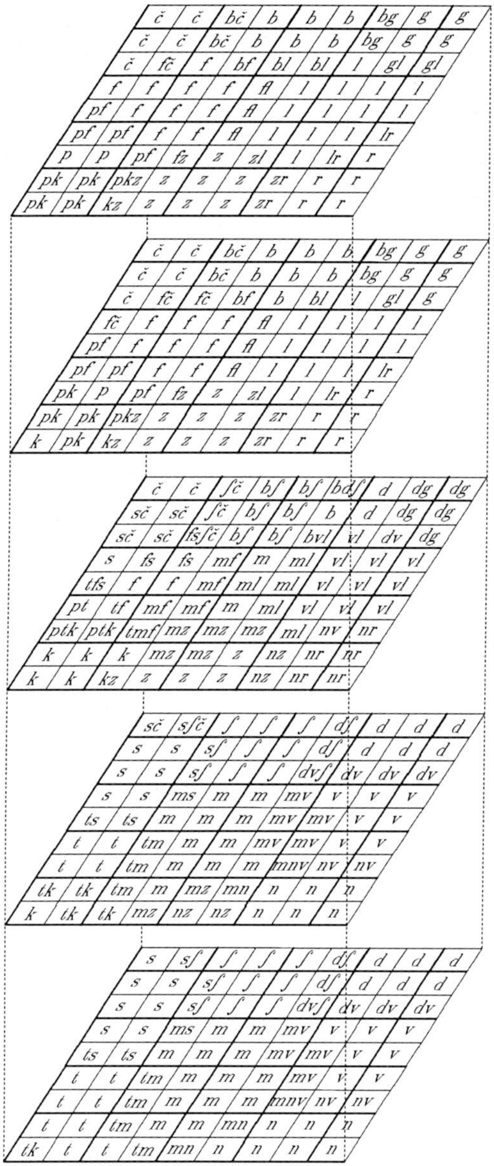

Bild 3.2 Karte im phonologischen Raum

51

	r	l	n	z	v	m	d	g	b	t	k	p	f	s	ʃ	č
r		**50**	**66**	**71**	94	95	121	127	121	104	108	112	106	104	103	106
l			**61**	**68**	98	98	123	*129*	124	105	110	113	109	106	105	109
n				**67**	99	99	124	*129*	124	104	111	116	111	107	105	109
z					92	92	122	128	120	105	113	117	111	106	105	108
v					**53**	97	107	94	115	117	119	121	120	118	119
m						94	103	90	113	113	115	116	116	114	115
d							**58**	**72**	104	101	100	107	108	109	108
g								**58**	105	102	100	103	107	107	106
b									103	102	99	105	110	108	109
t										**63**	**73**	81	83	82	83
k											**58**	80	86	85	86
p												73	87	86	89
f													77	79	78
s														**46**	**68**
ʃ															**62**
č															

Bild 3.3 Abstände zwischen Konsonanten; Standardabweichung: 28

Zwei der vorliegenden Cluster enthalten nur „Plosive": das Cluster (/b/, /d/, /g/) besteht aus den stimmhaften und das Cluster (/p/, /t/, /k/) aus den stimmlosen Plosiven. Von den anderen drei Clustern enthält eins die restlichen stimmlosen Laute (/f/, /s/, (/ʃ/), /č/), die zudem alle Frikative sind. Die restlichen - stimmhaften - Laute zerfallen in die Bilabial-Laute (/m/, /v/) und die Alveolar-Laute (/n/, /z/, /l/, /r/). Offensichtlich ist für diese Clusterung das Merkmal der Stimmhaftigkeit (stimmlos vs. stimmhaft) ebenso relevant wie ein Merkmal Plosivität (Stoplaut vs. kein Stoplaut). In den wichtigsten der linguistischen Merkmalsysteme für Konsonanten ist allerdings „Plosiv" ein Wert, den das Merkmal Artikulationsart annehmen kann. Wäre dieses Merkmal hier aber relevant, so wäre eine Unterteilung in Stoplaute, Nasallaute, Frikative und Liquide zu erwarten, was heißt, die stimmhaften Nicht-Plosive müßten in die drei Cluster (/m/, /n/) - (/v/, /z/) - (/l/, /r/) zerfallen, was aber offensichtlich nicht der Fall ist. Statt dessen gruppieren sich diese Laute entsprechend ihrer Artikulationsorte „bilabial" und „alveolar".

3.2.2 Vokale

Die Fehlerdaten über Vokale haben wir auf dieselbe Weise ausgewertet wie die Daten über die Konsonanten. Die folgenden 14 Vokale gingen dabei in unsere Berechnungen ein: /aː/, /a/, /iː/, /i/, /oː/, /ɔ/, /uː/, /u/, /eː/, /ɛ/, /yː/, /y/, /øː/ und /œ/[6].

iː	iː uː	uː	uː	uː	uː œ	œ	œ	œ	œ a	a	a
iː	iː uː	uː	uː	uː	uː œ	œ	œ	œ	œ a	a	a
aː iː	aːiːyː	uː yː	uː yː	uː yː	uː yː	u œ	u œ	i u œ	i ɔ	a ɔ	ɔ
aː	aː yː	yː	yː	yː	yː u	u	u i	u i	i ɔ u	ɔ	ɔ
aː	aː	aː yː	yː	yː	yː u	u	u i	i	i u	ɔ	ɔ
aː	aː oː	oː	oːyːøː	yː øː	u	u	i u y	i u	i u	ɔ ɛ	ɔ ɛ
eː	eː oː	oː	oː øː	øː	øː y	y	y	y	y ɛ	ɛ	ɛ
eː	eː oː	oː	oː øː	øː	øː y	y	y	y	y ɛ	ɛ	ɛ

Bild 3.4 Der zweidimensionale Vokalraum

Eine der berechneten 1 000 Karten ist in Bild 3.4 zu sehen. Die Matrix der mittleren Abstände ergibt sich aus Bild 3.5. Die normierte Standardabweichung für diese Matrix beträgt 32.

Die Vokale gruppieren sich in vier Cluster. Deren erstes (/y/, /u/, /i/) beinhaltet die kurzen und hohen Vokale.[7] Ein zweites Cluster beinhaltet die langen und hohen Vokale (/yː/, /uː/, /iː/), ein drittes die kurzen und nicht hohen (/a/, /o/, /ɛ/, /œ/) und ein viertes die langen und nicht hohen Vokale (/aː/, /oː/, /eː/,/øː/).

---

[6] „ː" ist das Zeichen für Länge, /ɛ/ ist der erste Vokal in „Decke", /øː/ der erste Vokal in „Öse", /yː/ ist der erste Vokal in „Bühne", /y/ der erste in „füttern", /ɔ/ ein offenes O wie in „offen", und /œ/ wie in „Köln".

[7] Höhe bezieht sich hier auf die Zungenstellung bei der Bildung der entsprechenden Laute.

53

	y	u	i	a	ɔ	ɛ	œ	uː	yː	iː	øː	oː	eː	aː
y	**51**	**55**	86	88	88	87	110	113	117	112	120	126	119	
u		**34**	82	85	86	92	117	121	125	121	128	*135*	127	
i			78	80	80	89	115	119	123	119	126	*133*	126	
a				**36**	**54**	76	119	123	127	122	130	*135*	128	
ɔ					**49**	72	121	126	129	124	131	*136*	130	
ɛ						74	119	123	126	121	128	*133*	126	
œ							109	113	116	111	118	123	116	
uː								**28**	**56**	86	87	93	90	
yː									**51**	87	87	93	90	
iː										83	80	88	83	
øː											48	57	71	
oː												47	68	
eː													46	
aː														

Bild 3.5 Abstände zwischen Vokalen; Standardabweichung: 32

Offensichtlich zerfallen die Vokale gemäß der beiden Merkmale Länge (kurz vs. lang) und Stellung der Zunge (hoch vs. nicht hoch).

3.3 Semantische Karten

Ebenso wie die Phonologie die Position eines Phonems durch die Unterschiede und Ähnlichkeiten zu den anderen Phonemen beschreibt, versucht man in der Semantik die Bedeutung von Wörtern durch die semantischen Relationen zwischen den Wortbedeutungen, den Begriffen, zu charakterisieren. Die Probleme, die sich für phonologische Merkmale stellen - a) welche Merkmale können als kognitiv adäquat angenommen werden und b) wie sehen die Relationen zwischen den ermittelten Merkmalen und den Phonemen aus -, finden sich im Bereich der Semantik in ähnlicher Form wieder. Auch hier kann man fragen, welche semantischen Merkmale man annehmen darf, bzw. welche Merkmale mit welchen Begriffen in welchen Relationen stehen. Wir haben versucht, für einen

- allerdings sehr eingeschränkten - Bereich Kohonen-Karten zur Beantwortung dieser Fragen in der Form einzusetzen, wie wir dies auch für die Phoneme durchgeführt haben. Statt der Phoneme haben wir folgende zwölf Tiernamen verwendet: Bär, Hase, Hirsch, Hund, Katze, Kuh, Löwe, Maus, Pferd, Schaf, Schwein, und Ziege. Diese Begriffe wurden ausgewählt, weil uns dafür empirisch ermittelte Abschätzungen zur Ähnlichkeit bzw. zur Verschiedenheit dieser Tiere vorlagen, welche die Rolle der Vertauschungsmatrizen übernehmen konnten.

Die Einschätzungen zu Ähnlichkeit und Verschiedenheit der genannten Tiere wurden an der Universität Mannheim erhoben (vgl. z.B. [44]).[8] In den entsprechenden Experimenten hatten Versuchspersonen die Aufgabe, auf einer Skala von 1 (sehr ähnlich/sehr verschieden) bis 5 (nicht ähnlich/nicht verschieden) Einschätzungen über die Ähnlichkeit bzw. Verschiedenheit zu Paaren dieser Tiere abzugeben. Die über alle Versuchspersonen gemittelten Einschätzungen wurden normiert als Trainingsvektoren verwendet.

3.3.1 Ähnlichkeit

Die Ähnlichkeitsabschätzungen erfolgten unter drei verschiedenen Bedingungen, einer *neutralen*, unter der den Versuchspersonen keine zusätzliche Instruktion erteilt wurde; einer *Begründungsbedingung*, bei der den Versuchspersonen gesagt wurde, sie müßten ihre Einschätzungen später rechtfertigen; und einer *Zeitdruckbedingung*, unter der die Versuchspersonen gebeten wurden, ihre Einschätzungen möglichst schnell vorzunehmen.

Die aus den jeweiligen Daten berechneten Kohonen-Karten sind in allen drei Fällen zweidimensional. Die Daten der neutralen und der Begründungsbedingung führen zu einer identischen Gruppierung, die drei Gruppen von Tieren aufweist. Diese Gruppen können im nachhinein - sofern man dies will - mit den Bezeichnungen „fleischfressende Tiere" (Hund, Katze, Löwe, Bär), „kleine Tiere" (Maus, Hase) und „friedliche Tiere" (Pferd, Hirsch, Kuh, Ziege, Schaf, Schwein) belegt werden. Die entsprechende Matrix der mittleren Abstände zu den Daten unter der Begründungsbedingung findet sich in Bild 3.6. Betrachtet man diese Gruppierung aus semantischer Sicht, kann man sagen, daß Merkmale wie

---

[8] Wir danken Roland Mangold-Allwinn dafür, daß wir die von ihm erhobenen empirischen Daten verwenden durften, noch bevor sie in veröffentlichter Form vorlagen.

	Hund	Katze	Löwe	Bär	Maus	Hase	Pferd	Hirsch	Kuh	Ziege	Schaf	Schwein
Hund		44	47	59	82	95	146	152	172	170	170	158
Katze			45	53	77	89	138	143	164	163	163	150
Löwe				45	73	84	133	139	159	158	159	145
Bär					73	82	129	135	155	154	154	141
Maus						51	84	89	105	103	103	94
Hase							74	79	92	90	90	83
Pferd								41	62	64	67	66
Hirsch									61	64	68	67
Kuh										41	46	59
Ziege											28	53
Schaf												49
Schwein												

Bild 3.6 Ähnlichkeit unter der Begründungsbedingung; Standardabweichung: 34

Größe und Art der Nahrung als zugrundeliegend angenommen werden können. Man kann aber auch sagen, daß die Gruppen aus Begriffen bestehen, die einen gemeinsamen Oberbegriff haben. Letzteres bedeutet, daß eine Iteration der empirischen Datenerhebung und der Verarbeitung zu entsprechenden Kohonen-Karten mit einer sehr viel größeren Menge von Begriffen zu einem hierarchisch organisierten semantischen Raum führen sollte.

Vergleicht man die Gruppierung mit derjenigen die sich aus den Daten unter Zeitdruck ergibt (s. Bild 3.7), so läßt sich nur eine einzige Änderung feststellen: Die Katze hat die Gruppe gewechselt und bildet nun mit dem Hasen und der Maus die Gruppe der kleinen Tiere. Dieser Unterschied zwischen den Gruppierungen kann dahingehend gedeutet werden, daß bei der Klassifikation von Objekten und damit bei der Aktivierung der mit dem Objekt verbundenen Merkmale eine zeitliche Dynamik zu beachten ist: Merkmale, die sich direkt aus der Perzeption eines Objekts

	Schwein	Ziege	Schaf	Kuh	Pferd	Hirsch	Bär	Löwe	Hund	Katze	Hase	Maus
Schwein		**65**	**62**	81	89	83	90	94	106	*155*	*146*	117
Ziege			**36**	**62**	68	66	114	119	131	*182*	*171*	*140*
Schaf				**62**	69	67	113	118	130	*181*	*169*	*139*
Kuh					**40**	**54**	92	95	105	*152*	*143*	115
Pferd						**42**	93	95	105	*151*	*141*	114
Hirsch							88	92	100	*146*	*136*	108
Bär								**46**	71	92	98	87
Löwe									**61**	87	95	84
Hund										73	84	79
Katze											**52**	74
Hase												**54**
Maus												

Bild 3.7 Ähnlichkeit unter der Zeitdruckbedingung; Standardabweichung: 34

ergeben, etwa die Größe des Objekts, sind schneller verfügbar als andere Merkmale (vgl. hierzu wiederum [44]). Unter Zeitdruck stehen nur die ersteren zur Verfügung, während bei mehr Verarbeitungszeit auch klassifikatorisches Wissen herangezogen werden kann.

3.3.2 Verschiedenheit

Die Daten zur Verschiedenheit wurden sowohl unter der Begründungsbedingung als auch unter der Zeitdruckbedingung erhoben. Bei einer Auswertung dieser Ergebnisse durch Kohonen-Karten analog zu der Auswertung bezüglich Ähnlichkeit hat man das Problem, daß in den resultierenden Karten solche Tiere nebeneinander gruppiert werden, die in etwa gleich verschieden zu allen anderen Tieren sind. So bilden in den berechneten Karten zur Zeitdruckbedingung etwa der Löwe und der Hase eine Gruppe. Insgesamt sind die resultierenden Gruppierungen allerdings nicht interpretierbar.

Da sich die aus den Daten für Verschiedenheit direkt resultierenden Karten nicht sinnvoll interpretieren lassen, ergibt sich die Frage, ob wenigstens eine Relation zwischen Ähnlichkeit und Verschiedenheit nachweisbar ist. Die einfachste mögliche Relation ist offensichtlich eine lineare Transformation: Man nimmt den Wert, nennen wir ihn x, den die Versuchspersonen für Verschiedenheit im Durchschnitt angeben, und berechnet daraus eine Art Ähnlichkeitswert $y = 6 - x$. In der Tat führt eine Auswertung dieser aus den Verschiedenheitsdaten gewonnenen „Ähnlichkeits"-Werte mit Hilfe der Kohonen-Karten zu exakt denselben Karten, wie sie aus den eigentlichen Ähnlichkeitsdaten entstehen (identische Gruppierungen). Dieses Ergebnis kann man so interpretieren, daß Einschätzungen über Verschiedenheit nichts anderes als transformierte Einschätzungen über Ähnlichkeit sind.

Kapitel 4
Die selbstorganisierende Karte in der künstlichen Intelligenz: Konnektionistische Expertensysteme

Expertensysteme, ein Teilbereich der künstlichen Intelligenz, haben die Eigenschaft, daß sie die ihnen gestellten Aufgaben in einer dem menschlichen Problemlöseverhalten nahestehenden Art und Weise lösen und dabei den Lösungsweg mit einer Erklärungskomponente plausibel machen. Die Akzeptanz und das Vertrauen eines Benutzers in ein Expertensystem werden sehr stark dadurch beeinflußt, wie gut diese Erklärungskomponente es dem Benutzer ermöglicht, den Lösungsweg des Systems nachzuvollziehen.

J. Rahmel von der Universität Kaiserslautern setzt die SOM beim Aufbau von konnektionistischen Expertensystemen ein. Resultat ist das Expertensystem KoDiag, ein System zur fallbasierten Diagnose einer CNC-Maschine. Die Idee zu diesem System entstand in Zusammenhang mit der Entwicklung des fallbasierten Expertensystems PATDEX [45], das zum Vergleich der Resultate des hier vorgestellten Systems herangezogen wird.

4.1 Expertensysteme als Diagnosewerkzeuge

Bei der hier vorgestellten Anwendung handelt es sich um ein fallbasiertes System zur Diagnose von CNC-Maschinen, d.h. das zur Lösung von Problemen notwendige Wissen ist in Form von Fällen, die einzelne Situationen beschreiben, zusammengetragen worden (siehe auch Kap. 4.2). Fallbasiertes Schließen ist eine Methode des Lernens durch Analogie. Es wird versucht, ein auftretendes neues Problem durch Übertragen der Lösung eines bekannten ähnlichen Problems zu lösen. Da die Korrektheit einer Lösung nicht garantiert werden kann, ist eine Prüfung des Resultats notwendig. In der hier beschriebenen Anwendung wird diese Schwierigkeit dadurch entschärft, daß das System nur als Entscheidungsunterstützung für einen mit der Anwendungsdomäne vertrauten Benutzer gedacht ist, die Entscheidung an sich also vom Benutzer getroffen wird. Die Vorteile des fallbasierten Schließens liegen u.a. in der vergleichsweise einfachen Wissensrepräsentation in Form von Fällen (die auch als Regeln aufgefaßt werden können), dem einfachen Lernprozeß sowie dem Vorhandensein entsprechender Fallbasen in vielen Anwendungsbereichen (eine Definition des fallbasierten Schließens sowie eine ausführlichere Diskussion finden sich in [46]).

Menschliche Experten gehen bei der Lösung eines Diagnoseproblems meist so vor, daß sie sofort und leicht verfügbare Information aufnehmen und eine Einschätzung der Situation versuchen. Wenn dies nicht genau genug möglich ist, versucht der Experte, entsprechend seiner Vermutung über das Problem, neue Information zu gewinnen, um eine erneute Klassifizierung der Problemsituation durchzuführen. Wird auch nach mehreren Zyklen keine Lösung gefunden, so muß sich der Experte von seiner anfänglichen Vermutung über den Kontext des Problems trennen und versuchen, eine andere Richtung zu verfolgen. Die Diagnosefindung kann in diesem Zusammenhang also als ein Klassifikationsproblem betrachtet werden, das iterativ gelöst wird. Es wird schrittweise versucht, die momentan bekannten Fakten mit gespeichertem Wissen zu vergleichen, um so Lösungsmöglichkeiten vorzuschlagen (Bild 4.1).

Im KoDiag-System (vgl. auch [47]) wird versucht, den natürlichen Diagnoseprozeß nachzuahmen, um dem Benutzer die Möglichkeit zu geben, die Schritte zur Lösung mitzuverfolgen und gegebenenfalls einzugreifen. Die gedachte Zielgruppe des Systems sind Servicetechniker für die CNC-Maschinen. Das Diagnose-System hat somit beratenden und unterstützenden Charakter. Dies führt in der Praxis auch zu dem Wunsch, zu einem möglichst frühen Zeitpunkt, d.h. nach nur wenig Informationserhebung (jede Messung oder Untersuchung kostet Zeit und Geld) Vorschläge vom System zu erhalten, welche Diagnosen möglicherweise in Frage kommen.

4.2 Falldaten und ihre Kodierung

Die Falldaten, die für das Training von KoDiag verwendet wurden, sind Teil einer großen Fallsammlung, die auch für das fallbasierte Expertensy-

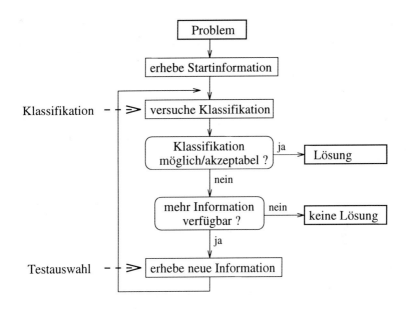

Bild 4.1 Iterativer Diagnoseprozeß

stem PATDEX benutzt wird. Sie beschreiben fehlerhafte Zustände einer CNC-Maschine und die jeweils zugehörige Diagnose.

Beispiel:

```
Fall:          wza10
Beschreibung:  (<IoStatusIN32, logisch0>
               <Maschinenfehlermeldung, I41>
               <WZarmPosition, hinten>
               <IoStatusOUT30, logisch0>
               <IoStatusOUT28, logisch1>
               <Ventil21Y2, geschaltet>
               <IoStatusIN37, logisch1>)
Diagnose:      IoKarteBeiIN32i59Defekt
```

Die Bezeichnung eines Tests oder Meßpunktes heißt ein Symptom S, die ermittelte Größe heißt Wert W, das Tupel <S,W> heißt ein Symptom/Wert-Paar. In obigem Fall mit der Bezeichnung **wza10** ist also **IoStatusIN32** ein Symptom, **logisch0** der zugehörige Wert und die zu dem Fall **wza10** gehörende Diagnose ist **IoKarteBeiIN32i59Defekt**.

61

Für das Training des Netzwerks in KoDiag werden die Fälle der Fallbasis eingelesen und in Bitvektoren codiert, die als Eingabevektoren dienen. Ein Eingabevektor besteht aus drei Teilvektoren für Symptome, Werte und Diagnosen. Bild 4.2 veranschaulicht die Kodierung eines Falles in einen Eingabevektor. Im Symptom-Vektor wird das Vorkommen eines Symptoms mit einem Eintrag $0 < k \leq 1$ gekennzeichnet, analog für die Diagnose im Diagnose-Vektor. Die Wertebereiche der einzelnen Symptome sind diskret, und im Wert-Vektor werden entsprechend viele Bits für die verschiedenen Werte je Symptom reserviert.

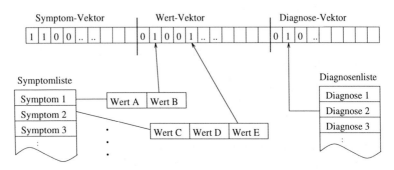

Bild 4.2 Kodierung des Falles

Obwohl keine Modellierung der realen CNC-Maschine für die Diagnoseaufgabe vorhanden ist, kann bei geeigneter Strukturierung der Kohonen-Karte zusätzliche semantische Information aus dem kontextbezogenen Auftreten von Symptomen der Fallbeispiele gewonnen werden. Um die Bildung von Clustern auf der Karte entsprechend dem (wertunabhängigen) Auftreten der Symptome zu verstärken, wird das 2-Phasen-Training eingeführt. Das Training erfolgt hierbei zunächst mit Eingabevektoren, in denen alle Bits des Wert-Vektors zu Null gesetzt werden, wodurch die Strukturierung der Kohonen-Karte im wesentlichen vom Auftreten der Symptome bestimmt wird. Für etwa das letzte Viertel des Trainings werden die vollständigen Vektoren benutzt, die eine Verfeinerung der bestehenden Struktur anhand der Symptomwerte bewirken.

4.3 Der Diagnoseprozeß

Der Diagnoseprozeß des KoDiag-Systems ist wesentlich flexibler und transparenter als die konventionellen Klassifikationsverfahren neuronaler Netze. Während gewöhnlich die Klassifikation aus Anlegen eines kompletten Merkmalsvektors und Beobachten der Aktivierung der Ausgabeneuronen besteht - ein Verfahren, daß dem Benutzer keinerlei Einblick oder Eingriffsmöglichkeit in die Funktionsweise des Systems gibt, und somit das erzielte Resultat völlig unbegründet erscheinen läßt - , bezieht KoDiag den Benutzer durch die Verzahnung von

- Klassifikationskomponente

- Testauswahlkomponente

- Erklärungskomponente

in den Prozeß der Lösungsfindung direkt mit ein. Der Benutzer steuert den Diagnoseprozeß interaktiv und kann so den Lösungsweg schrittweise mitverfolgen und nachvollziehen. Bild 4.3 zeigt schematisch den Aufbau des Systems. Der Diagnoseprozeß von KoDiag unterscheidet sich vom menschlichen Lösungsweg nahezu ausschließlich durch die Funktionalität der Testauswahl. Hier kann KoDiag lediglich auf in der Fallbasis enthaltene statistische Merkmale, wie z.B. relative Häufigkeit einzelner Symptome, zurückgreifen, während menschliche Experten Hintergrundwissen und Modelle für die Funktionsweise der CNC-Maschine einsetzen, um das Fehlverhalten der Maschine zu verstehen und daraus weitere Schlüsse zu ziehen.

Die Realisierung der verschiedenen Komponenten von KoDiag wird erst möglich, wenn das Kohonen-Netz nicht als Black-Box betrachtet wird, sondern gezielt in Verbindungsgewichten gespeichertes und dadurch lokalisierbares Wissen abgerufen wird. Diesen Verbindungsgewichten wird entsprechend ihrer Position im Gewichtsvektor das zugehörige Symbol (d.h. ein bestimmtes Symptom, Wert oder Diagnose) zugeordnet und entsprechend der Größe des Gewichts bewertet.

4.3.1 Klassifikation

Der Diagnoseprozeß in KoDiag wird interaktiv vom Benutzer des Systems gesteuert. In der Anwendungsdomäne der CNC-Maschine bestehen

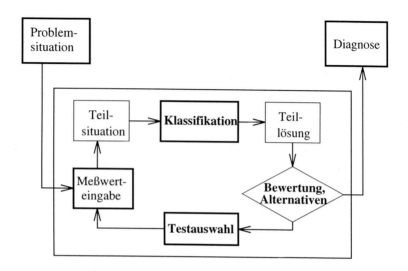

Bild 4.3 Schematische Darstellung von KoDiag

die Benutzereingaben zunächst aus Symptomen und Symptomwerten (freiwillige Eingaben), nach erstmaligem Aufruf der Testauswahlkomponente nur noch aus Werten für vom System vorgegebene Symptome (erfragte Eingaben). Im Falle einer Fehlfunktion zeigt die CNC-Maschine bestimmte, jedoch nicht eindeutig einem Problem zuzuordnende Fehlerkodes an. Diese Kodes sowie leicht durchzuführende Messungen oder Beobachtungen an der Maschine können die Starteingaben des Benutzers sein.

KoDiag behandelt die Benutzereingaben im Verlauf des Diagnoseprozesses mit Hilfe zweier Neuronen-Mengen. Für jede freiwillige oder erfragte Benutzereingabe wird analog zu Kap. 4.2 ein Eingabevektor für das jeweilige Symptom und seinen Wert generiert und dem Netz präsentiert. Die genau auf diesen Vektor ansprechenden Neuronen bilden die Menge CN (für Chosen$N$eurons). Die Menge AN^n (für Active$N$eurons) beinhaltet die Menge der Neuronen, die auf alle im aktuellen Diagnoseprozeß bis zum Schritt n präsentierten Eingabevektoren reagierten. Um von der Reihenfolge der Benutzereingaben frei zu sein, wird bei freiwilligen Eingaben die Vereinigung der beiden Mengen gebildet. Die resultierende Menge wird mit AN^{n+1} bezeichnet. Nach jeder Eingabe werden die Verbindungsgewichte der Neuronen aus der neuen Menge AN^{n+1}

zu den Inputneuronen der Diagnosen zurückverfolgt, um die stärksten Diagnosen als Lösungvorschläge auszugeben.

Bild 4.4 veranschaulicht noch einmal den Informationsfluß bei Anlegen eines Eingabevektors. Durch angelegte Vektoren für Symptome und Werte wird ein Kontext definiert, der durch Cluster auf der semantischen Karte repräsentiert wird. Für diesen Kontext werden Lösungen aus den Gewichten zum Diagnose-Vektor abgelesen.

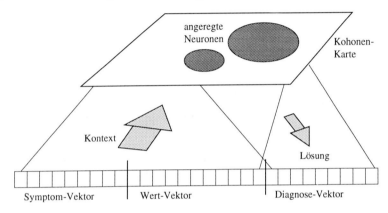

Bild 4.4 Informationsfluß in KoDiag (Klassifikation)

Bild 4.5 zeigt die Ausgabe des Lösungsbaums. Der Benutzer hat aus einem Menü das Symptom **IOStatusIN32** als erste freiwillige Eingabe gewählt und den Wert **logical0** hinzugefügt. Diese Eingaben werden in einer Symptom-Box angezeigt. KoDiag bestimmt nach Anlegen des durch die Eingaben definierten Vektors die Menge AN^{n+1}. Die stärksten Diagnosen, die sich aus AN^{n+1} ableiten lassen, werden als Nachfolger der Symptom-Box dargestellt, da sie ein Resultat dieser Symptomangabe sind. Zusätzlich zur Bezeichnung einer Diagnose erscheint auch die relative Stärke der Diagnose, wobei eine Maximumsnormierung angewendet wird. Aus diesen Werten (die auch leicht als symbolische Worte wie 'maximal', 'fast maximal', 'sehr hoch', usw. ausgedrückt werden könnten), kann der Benutzer einfach die Bedeutung der vorgeschlagenen Diagnosen erkennen und selbst einschätzen. Die Erklärungskomponente verwaltet die Ein- und Ausgaben und erzeugt einen Lösungsbaum, der den Diagnoseprozeß in einer verständlichen und anschaulichen Weise darstellt.

Der Benutzer kann nun, je nach Zugänglichkeit der Symptomwerte,

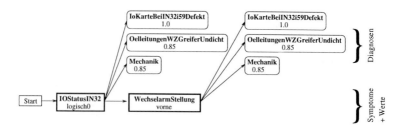

Bild 4.5 Erste und zweite freiwillige Eingabe für KoDiag

weitere Symptome aus einem Menü wählen und den jeweils zugehörigen Wert angeben. Nach jeder Symptom/Wert-Eingabe hängt KoDiag die neue Symptom-Box an die vorherige an und bestimmt erneut die stärksten Diagnosen (siehe Bild 4.5 für das Beispiel <**WechselarmStellung/ vorne**> als zweite freiwillige Eingabe).

Hierbei ist allerdings zu beachten, daß in jedem Schritt n die Vereinigung aus AN^n und CN gebildet wird. Da somit die Zahl der Neuronen in AN^{n+1} monoton mit n wächst, kann keine Konvergenz des Verfahrens erwartet werden. Die in Kap. 4.5 vorgestellten Ergebnisse werden zeigen, daß es meist nicht notwendig ist, mehr als zwei freiwillige (pathologische) Eingaben zu machen, um die korrekte Diagnose mit Hilfe der im folgenden Kapitel beschriebenen Testauswahlkomponente zu finden.

4.3.2 Testauswahl

Nach Eingabe von mindestens einem Symptom/Wert-Paar kann die Testauswahlkomponente aufgerufen werden, die den weiteren Verlauf des Diagnoseprozesses kontrollieren wird. Zusätzlich zu dem normalen Klassifizierungsschritt erfolgt nun noch die Bestimmung der stärksten, bisher noch nicht betrachteten Symptome.

Der bis zu diesem Schritt n hergestellte und durch die Neuronen in AN^n repräsentierte Kontext dient also auch zur Ermittlung der relevantesten Symptome, indem die Verbindungen von den Neuronen der semantischen Karte zu den Eingabeneuronen der Symptome betrachtet und aufsummiert werden. Bild 4.6 zeigt die Gestalt des Lösungsbaums nach einer freiwilligen Eingabe und dem Aufruf der Testauswahl. Zusätzlich zu den Diagnosen werden die stärksten Symptome (im Beispiel die drei stärksten) als Nachfolgeknoten an die letzte Symptom-Box angehängt. Auch hier ermöglicht die Angabe der relativen Stärke dem Benutzer, eine Einschätzung der Situation vorzunehmen. So kann er entscheiden, eine teure oder riskante Untersuchung nicht durchzuführen, wenn ein nur wenig schwächer bewertetes Symptom in der Symptom-Liste auftritt. Die Werteingabe erfolgt durch Anklicken der gewünschten Symptom-Box und Auswahl des zugehörigen Wertes aus einem Menü.

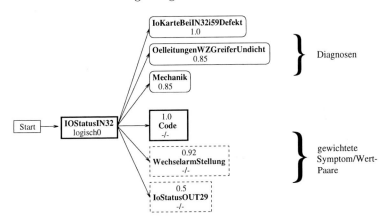

Bild 4.6 Aufruf der Testauswahl

Nach Auswahl von z.b. Symptom **Kode** und Angabe des an der Maschine ermittelten Wertes **I41** werden ein weiterer Klassifikationsschritt und ein Testauswahlschritt durchgeführt. Der Benutzer kann im Lösungsbaum die Entwicklung verfolgen und anhand eigener Überlegungen nachvollziehen und überprüfen. Es ist in den verschiedenen Ebenen des Lösungsbaums klar abzulesen, wie früher vorgeschlagene Diagnosen durch die neue Information wegfallen und dafür evtl. andere neu in Betracht gezogen werden.

Nach Anlegen des durch das Symptom/Wert-Paar <**Kode/I41**> definierten Eingabevektors wird nun im Gegensatz zur freiwilligen Eingabe die Schnittmenge aus CN und AN^n gebildet, da es sich um ein vom System erfragtes Symptom handelt und die früheren Überlegungen zur benutzergewählten Reihenfolge der Eingabedaten nicht mehr zum Tragen kommen. Hierdurch wird die Zahl der Neuronen in AN^{n+1} monoton verkleinert, und der Diagnoseprozeß konvergiert mit einer sinkenden Zahl in Frage kommender Diagnosen. Das Ende des Diagnoseprozesses ist erreicht, falls eine der drei folgenden Bedingungen erfüllt wird:

- KoDiag schlägt eine eindeutige Diagnose vor.
- Der Benutzer akzeptiert eine der Mehrfachdiagnosen.
- Keine akzeptable Lösung wurde gefunden.

Der erste Fall tritt ein, wenn aus dem aktuellen Kontext nur eine Diagnose von KoDiag vorgeschlagen werden kann. Im letzten Fall konnte keine ausreichende Übereinstimmung der im Netzwerk repräsentierten Fälle mit der realen, vom Benutzer eingegebenen Situation gefunden werden, so daß keine korrekte Diagnose vorgeschlagen werden konnte.

4.3.3 Erklärung und Kontrollfunktionen

Herkömmliche Ansätze der Anwendung von neuronalen Netzen bieten dem Benutzer keinerlei Möglichkeit, die Funktionsweise des Netzes zu verstehen oder nachzuvollziehen. Die iterative Lösungsfindung in Ko-Diag und der von der Erklärungskomponente verwaltete Lösungsbaum verleihen dem System Fähigkeiten, die von konventionellen neuronalen Realisierungen fallbasierter Diagnose nicht erreicht werden konnten.

Bei jedem Diagnose-System, das lediglich auf Basis einer Fallsammlung nach Lösungsmöglichkeiten sucht, ist die Erklärungsfähigkeit auf einen Teil eines erwünschten Fragenkataloges, wie er z.b. in [48] beschrieben ist, beschränkt. Beantwortbar sind Fragen z.b. nach Alternativen für Eingabe und Lösung sowie mögliche nächste Aktionen. Insbesondere die sogenannten „Warum-Fragen" (z.B. *Warum ist diese Diagnose so stark bewertet?*) können jedoch im Hinblick auf die Lernmethode nur mit statistischen Angaben beantwortet werden.

Die Erklärungskomponente des KoDiag-Systems wird durch ihre zum Teil schon in den vorigen Abschnitten beschriebenen Eigenschaften charakterisiert:

- Grafische Ausgabe des Lösungsbaums

- Transparenz des schrittweisen Diagnoseprozesses

- Gewichtete Mehrfachlösungen

- Gewichtete Testkandidaten

- Zurückweisung eines Lösungspfades (s.u.)

- Differentialdiagnostik (s.u.)

Das Zurückweisen eines Lösungspfades durch den Benutzer kann notwendig werden, wenn sich die von KoDiag vorgeschlagenen Diagnosen in der Realität als falsch herausstellen und völlig neue Alternativen gesucht sind. Dieser Fall tritt auf, wenn KoDiag ein Symptom erfragt, dessen Wert entsprechend der Trainingsmenge mit großer Wahrscheinlichkeit pathologisch ist, jedoch in der Realität nicht pathologisch ist. Durch Eingabe des Wertes durch den Benutzer wird diesem Symptom/Wert-Paar eine Abnormität zugewiesen, die den Diagnoseprozeß von KoDiag in eine falsche Richtung lenken kann. Aufgrund der nicht vorhandenen Modellierung ist ein Abfangen dieser nichtpathologischen Abnormität durch KoDiag nicht möglich. In diesem Fall kann erst der Benutzer des Systems, der als Techniker selbst Wissen in der Anwendungsdomäne hat, feststellen, ob die von KoDiag vorgeschlagene Diagnose korrekt ist oder nicht.

Um dem Benutzer eine Möglichkeit zu geben, den Diagnoseprozeß wieder in die richtige Bahn zu lenken, kann über einen Menübefehl der momentane Lösungspfad zurückgewiesen werden, wenn erkannt wird, daß keine der vom System vorgeschlagenen Diagnosen in der Realität korrekt ist. KoDiag bestimmt dann automatisch die beste Möglichkeit, den momentanen Pfad zu unterbrechen und mit einer alternativen Frage fortzusetzen.

Die Funktion zur Differentialdiagnostik ermöglicht es, den Diagnoseprozeß abzukürzen, wenn zwei nahezu gleich bewertete Diagnosen von KoDiag vorgeschlagen werden, die in der Realität beide eintreffen könnten. Diese Funktion durchbricht den normalen, iterativen Diagnosevorgang zugunsten einer von Diskriminanz bestimmten Lösung. Das Resultat können sowohl zwei verschiedene Symptome als auch ein Symptom mit zwei verschiedenen Werten sein, wobei jeder der jeweils möglichen Pfade zu einer anderen Diagnose führt.

4.4 Alternative Ansätze

Für das vorliegende Diagnoseproblem sind noch andere Ansätze denkbar, die sich jedoch im notwendigen Aufwand stark unterscheiden.

Modellbasierte Systeme versprechen sehr gute Diagnoseergebnisse, da sie die Funktionen der einzelnen Maschinenteile sowie ihr Zusammenwirken detailliert beschreiben. So können Fehlfunktionen lokalisiert werden, indem Abweichungen zwischen realem und modelliertem Verhalten aufgespürt werden. Regelbasierte Systeme erlauben durch Vorwärts- oder Rückwärts-Verkettung von Regeln, Ursachen für fehlerhafte Situationen zu inferenzieren. Beide Ansätze benötigen jedoch neben der Beschreibung fehlerhafter Zustände auch eine vollständige Beschreibung aller zum Anwendungsbereich gehörenden normalen Maschinenfunktionen. Bei der Komplexität moderner Anlagen ist eine umfassende konzeptuelle Beschreibung ein oftmals nahezu unmögliches Unterfangen.

Wie in Kap. 4.1 bereits angesprochen, bieten fallbasierte Methoden Möglichkeiten, die Diagnoseaufgabe ohne die explizite Modellierung der Maschine zu lösen. Systeme wie PATDEX verwenden einfach akquirierbare Fallbeschreibungen in Verbindung mit Hintergrundwissen, das sich direkt oder indirekt auf diese Falldaten bezieht (z.B. Relevanz von Symptomen). Steht zu den Fällen kein zusätzliches Wissen zur Verfügung, so finden statistische Verfahren Anwendung. Entscheidungsbäume wie ID3 [49] oder CART [50] haben den Nachteil, daß sie nicht individuell an die momentane Situation angepaßt sind. Flexiblere Varianten führen in jedem Schritt online die notwendigen Berechnungen durch, was im interaktiven Betrieb zu Verzögerungen führen kann.

In KoDiag findet eine Vorverarbeitung der Falldaten während des Trainings der Kohonen-Karte statt (vgl. auch [18]). In der Anwendungsphase wird der Diagnoseprozeß flexibel an die Benutzereingaben angepaßt. Die Lokalisierung der Informationen auf der Karte führt dazu, daß nur auf kleinen Bereichen der Karte operiert und daher der Berechnungsaufwand pro Schritt klein gehalten wird.

4.5 Resultate

Die Beschreibung der Klassifikationsresultate bezieht sich auf eine Teilmenge von 101 Fällen einer größeren Fallbasis, da für die Teilmenge Vergleichswerte des Expertensystems PATDEX zur Verfügung standen. Die 101 Fälle enthalten 62 Symptome mit insgesamt 125 Werten und 41 Diagnosen. Der Eingabevektor hatte eine Größe von 228 Bits.

Ein wesentliches Ziel eines interaktiven Diagnose-Systems wie KoDiag ist es, dem Benutzer möglichst frühzeitig, d.h. nach wenigen Eingaben von Symptomen und/oder Werten, qualitativ gute Hinweise auf die Lösung des vorliegenden Diagnoseproblems zu geben. Bestimmte Tests können mit hohem Aufwand und Kosten verbunden sein, es können jedoch anfangs auch einzelne Symptome vom Benutzer übersehen oder vergessen worden sein. Um diese Fähigkeit zu testen, erfolgt die Auswertung mit Hilfe von Testvektoren, die nur bestimmte Bruchteile der Information der Trainingsvektoren enthalten (in den Teilvektoren der Symptome und Werte).

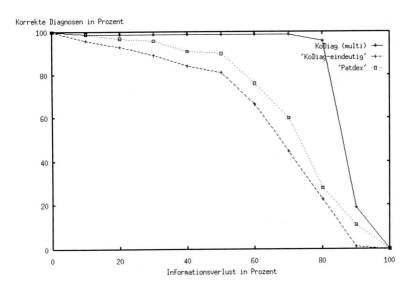

Bild 4.7 Vergleich: KoDiag und PATDEX

Bild 4.7 zeigt den prozentualen Anteil korrekter Diagnosen in Abhängigkeit vom Informationsverlust im angelegten Eingabevektor. Es wurden zwei Kurven für KoDiag gezeichnet, da nach zwei verschiedenen Auswertungskriterien vorgegangen wurde. Die Kurve mit der Bezeichnung 'KoDiag-eindeutig' beschreibt den Ergebnisverlauf, wenn von den vorgeschlagenen Diagnosen nur die eindeutig stärkste gewertet wurde. Zum Vergleich wurde die entsprechende Kurve für das CBR-Expertensystem PATDEX eingezeichnet. Die Kurve für PATDEX liegt etwas höher, da

71

dort zusätzliches Wissen über Relevanz von Symptomen und Fällen benutzt wird. Zukünftige Untersuchungen werden auch das Ziel haben, solches Wissen im Training der Kohonen-Karte zu verwenden.

Ändert man die Auswertungsstrategie und wertet die Ausgabe von Ko-Diag als korrekt, wenn die gesuchte Diagnose eine der drei im Lösungsbaum angezeigten ist, so ergibt sich die mit KoDiag (multi) bezeichnete Kurve, die einen nahezu optimalen Verlauf zeigt. Die Größe des Netzwerks war in diesem Fall 15×15, und die Trainingsdauer betrug 60 Epochen.

Die Klassifikationsleistung des Netzwerks läßt sich im Bereich größerer Informationsverluste (d.h. wenig bekannter Information) durch das 2-Phasen-Training steigern. Bild 4.8 veranschaulicht die Auswirkung dieser Trainingsmethode auf die Klassifikationsleistung.

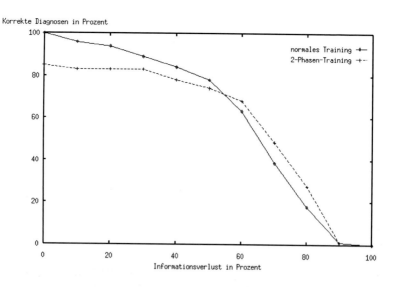

Bild 4.8 Vergleich: normales und 2-Phasen-Training

Die Trainingsdauer betrug 40 Epochen, wobei nach 30 Epochen zu vollständigen Vektoren übergegangen wurde. Hierdurch wurde gerade im interessanten Bereich mit großem Informationsverlust von 55-85% eine Verbesserung der eindeutigen, korrekten Klassifikationen um bis zu 15 Prozentpunkte erreicht, wodurch auch das PATDEX-System übertroffen werden konnte.

Da die Verbesserung mit einer reduzierten Klassifikationsleistung für geringen Informationsverlust verbunden ist, bleibt je nach Anwendungsbereich und Einsatzzweck eines solchen Diagnose-Systems die Entscheidung offen, ob ein Netzwerk mit normalem oder mit 2-Phasen-Training oder sogar ein System mit zwei kombinierten Netzwerken Verwendung finden soll.

Kapitel 5
Die selbstorganisierende Karte in der Chemie: Gaserkennung durch Interferenz-Spektren

In der modernen Produktionstechnik wird eine kontinuierliche chemische Überwachung von Prozessen immer wichtiger und zunehmend benötigt. Die Notwendigkeit resultiert aus immer strengeren Produktionsauflagen in den Bereichen Sicherheitstechnik und Umweltschutz. Insbesondere kleine Betriebe mit kleineren Produktionseinheiten stellt dies vor unlösbare Probleme, da bisherige Verfahren in der Anschaffung zu teuer und im Betrieb zu aufwendig sind.

Neue Sensoren, die an der Universität Tübingen entwickelt werden, ermöglichen den Aufbau von kostengünstigen Meßapparaturen, mit denen Hilfe Gase erkannt und deren Konzentration bestimmt werden können. Sensoren reagieren auf chemische Substanzen in der Luft oder in Wasser und ermöglichen eine ständige Überwachung. Die Kombination verschiedenenartiger Sensoren scheint den Aufbau von preisgünstigen, allgemein einsetzbaren Meßgeräten zu ermöglichen.

So leistungsfähig diese Sensoren sind, so problematisch ist ihre Auswertung. Die Sensoren, die spezifisch für jeweils genau ein Gas reagieren sollen, sind querempfindlich auf andere Substanzen, d.h. in Gasgemischen entsteht eine andere Meßkurve für eine bestimmte Gaskonzentration als wenn das isolierte Gas durch den Sensor registriert wird. Die daraus resultierenden Zusammenhänge sind mathematisch zu komplex, um sie zu berechnen.

Daher untersucht J. Göppert in Zusammenarbeit mit dem Institut für physikalische Chemie an der Universität Tübingen die Auswertung der durch die Sensoren gelieferten Interferenz-Spektren mit der SOM, um die komplexen Berechnungen zu umgehen.

5.1 Meßaufbau und Meßprinzip

Der Aufbau der Meßvorrichtung besteht im wesentlichen aus drei Teilen (Bild 5.1): der Meßkammer, einer Lichtquelle und einem Spektrometer. Durch die Meßkammer strömt die mit dem Gas angereicherte Luft. Ein feiner Polymerfilm dient als Sensor, indem er die zu messenden Gase aus der durchfließenden Luft an sich bindet und dadurch seine Dicke wie auch seine optischen Eigenschaften ändert. Diese Änderungen werden durch ein optisches Meßverfahren wahrgenommen, indem die Membran mit Licht bestrahlt und die Intensität des zurückgeworfenen Lichtes gemessen wird.

Bild 5.2 illustriert das Meßprinzip. Eine Lichtquelle I bestrahlt das Polymer. Ein Teil des Lichtes durchdringt das Polymer, ein anderer Teil wird an den Oberflächen des Glasträgers (I_0) und des Polymers reflektiert (I_1, I_2). Die Stärke des reflektierten Lichtes wird im wesentlichen duch die Brechungsindizes (n_1, n_2, n_3) bestimmt. Die reflektierten Anteile des Lichtes werde schließlich mit einem Spektrometer gemessen. Ausführlichere Betrachtungen der physikalischen Zusammenhänge finden sich in [51, 52].

Das reflektierte Licht interferiert, das heißt je nach Wellenlänge des Lichtes (Farbe) verstärken sich die Lichtanteile, oder sie löschen sich gegenseitig aus. Die Menge und Art der am Polymer gebundenen Gase verändern im wesentlichen die Dicke der Polymerschicht und damit den Weg, den der Lichtstrahl I_2 zurücklegen muß, bevor er sich mit dem Lichtstrahl I_1 überlagert. Eine Vergrößerung der Dicke der Polymerschicht hat somit zur Folge, daß sich die Wellenlängen, für die sich die beiden Lichtanteile I_1 und I_2 bestmöglich verstärken bzw. auslöschen, ebenfalls in Richtung größerer Werte verändern. Je nach Dicke der Membranschicht kann die Bedingung bestmöglicher Verstärkung und Auslöschung mehrmals im beobachteten Wellenlängenbereich erfüllt sein. Dieser Zusammenhang ist in Bild 5.3 visualisiert.

Neben dem Einfluß, den die zu messenden Gase auf die Dicke des Sensors ausüben, kann auch eine Veränderung der optischen Eigenschaften festgestellt werden. Diese betrifft die Lichtdurchlässigkeit und den Brechungsindex des Polymers. Damit verändert sich auch die Intensität sowie die Ausbreitungsgeschwindigkeit des reflektierten Lichtes im Polymer. Auch diese Effekte können im gemessenen Spektrum beobachtet werden. Ganz drastische Effekte können in den Spektren insbesondere

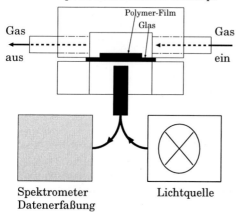

Temperaturstabilisierter Meßkopf

Polymer-Film
Glas

Gas aus

Gas ein

Spektrometer
Datenerfaßung

Lichtquelle

Bild 5.1 Meßaufbau zur Messung in Luft

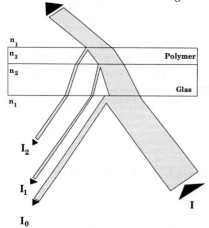

n_1
n_3
n_2
n_1

Polymer

Glas

I_2

I_1

I_0

I

Bild 5.2 Überlagerung und Reflektion des Lichtes im Polymersensor

76

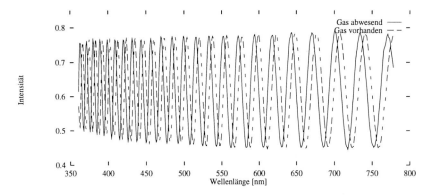

Bild 5.3 Gemessene Lichtspektren bei Präsenz und Abwesenheit von Gasen.

dann beobachtet werden, wenn die Gase einen farblichen Effekt auf das Polymer ausüben.

Alle Einflüsse, sowohl die Dickenänderungen als auch der Einfluß auf die optischen Eigenschaften, sind charakteristisch für verschiedene Gase, so daß ein solcher Sensor nicht nur die Konzentration eines einzelnen Gases bestimmen kann, sondern auch verschiedene Gase in Gemischen erkennt.

Der Versuch, diese komplexen Zusammenhänge mathematisch exakt zu beschreiben, scheitern an der großen Anzahl von Einflußfaktoren und deren meist unzureichender Beschreibung. Konventionelle, statistische Methoden wie die Hauptkomponentenanalyse scheitern an dem hohen Grad an Nichtlinearität, wie in Bild 5.3 beobachtet werden kann.

5.2 Einsatz der selbstorganisierenden Karte zur Spektraldatenanalyse

Die Aufgaben der SOM waren zum einen, die An- oder Abwesenheit eines Gases festzustellen und die genaue Konzentration eines Gases zu bestimmen. Für diesen Zweck wird die SOM durch eine Ausgabeschicht erweitert.

Das Auswertungssystem besteht aus drei Teilen (Bild 5.4):

77

Aufbau des Auswertungssystems

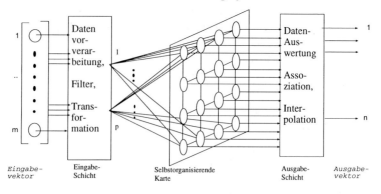

Eingabe-vektor Eingabe-Schicht Selbstorganisierende Karte Ausgabe-Schicht Ausgabe-vektor

Bild 5.4 Architektur des Auswertungssystems, bestehend aus Vorberarbeitung, SOM-Schicht und Ausgabeschicht.

1. Daten-Vorverarbeitung in der Eingabeschicht.

2. Topologieerhaltende Projektion auf die zweidimensionale Struktur der SOM.

3. Auswertung und Interpolation in der Ausgabeschicht.

Auf die Eingabeschicht wird hier nicht weiter eingegangen, da sie meist nur aus der Auswahl von interessanten Wellenlängen bestand. Das Ziel dieser Vorverarbeitung besteht darin, die Daten der selbstorganisierende Karte in einem Format zu präsentieren, das die Meßgrößen bestmöglich reflektiert und die Selbstorganisation der Karte unterstützt.

Die topologieerhaltende Abbildung der Spektraldaten auf die Karte führt dazu, daß ähnliche Gaskonzentationen auf der SOM von benachbarten Neuronen repräsentiert werden. Dadurch sind einerseits unterschiedliche Gase in unterschiedlichen Bereichen der Karte angeordnet und andererseits in diesen Bereichen eine kontinuierliche Variation der Gaskonzentration zu erkennen.

Die zusätzliche Ausgabeschicht wird auch Assoziationsschicht genannt und ordnet jedem Neuron eine Gaskonzentration zu. Hierzu muß während des Trainings bekannt sein, welche Gaskonzentrationen den Spektren zugrundeliegen. Diese Information kann für die Kalibrierdaten einfach aus den Einstellungen der Gas-Mischanlage gewonnen werden. Im einfachsten Falle gibt diese Schicht eine Konzentration aus, die — wie in einer

Art „Lookup-Tabelle" — dem Neuron zugeordnet ist.

Das Training der Assoziationsschicht mit einem überwachten Lernverfahren automatisiert das Nachschauen in der Tabelle, indem die Ausgabewerte der Assoziationsschicht iterativ den idealen Tabelleneinträgen angenähert werden. Eine Interpolation zwischen mehreren Neuronen erlaubt die Erzeugung von zusätzlichen Zwischenwerten.

5.3 Ergebnisse

5.3.1 Erkennung von Einzelgasen

Zur Illustration der Fähigkeiten dieses Systems werden unterschiedliche Konfigurationen gezeigt.

- Ermittlung der Konzentration eines Gases;

- Erkennung von mehreren Einzelgasen und Ermittlung der Konzentration.

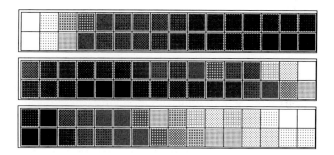

Bild 5.5 Organisation der Karte. Drei Beispiele der 32 Komponenten

Zum Training der Karte wurden aus den 1200 gemessenen Spektren 120 ausgewählt und antrainiert. Für die Karte wurde eine Größe von 16 × 2 Neuronen gewählt und diese in 10 000 Schritten angelernt. Die erhaltenen Komponentenkarten zeigen eine kontinuierliche Variation der Komponenten (Bild 5.5). Auch die Ausgabewerte, die zugehörigen Gaskonzentrationen, zeigen eine kontinuierliche Verteilung auf der Karte (Bild 5.6).

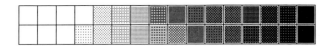

Bild 5.6 Organisation der Karte. Verteilung der Gas-Konzentrationen. Weiße Felder kennzeichnen eine Gaskonzentration von null, schwarze Felder eine hohe Gaskonzentration.

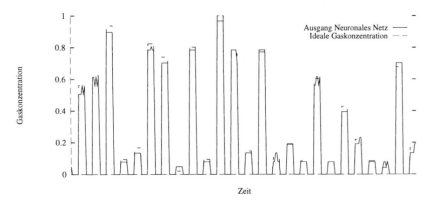

Bild 5.7 Vergleich von idealem und tatsächlichem Ausgang. Im verwendeten Datensatz wurde die Gaskonzentration sprungartig verändert, wobei dazwischen immer wieder mit Luft „gespült" wurde.

Diese gute Ordnung führt zu guten Ergebnissen bei der Auswertung der SOM (Bild 5.7). So ergibt ein Vergleich zwischen wirklicher Gaskonzentration und Ausgabe der SOM über alle Gasspektren einen geringen mittleren quadratischen Fehler von 2.2%.

Eine Verbesserung der Präzision am Ausgang läßt sich auf zwei Weisen erreichen. Zum einen kann ein größeres Netz eine größere Zahl von Prototyp-Konfigurationen speichern. Das entspricht einer Erhöhung der Anzahl von Neuronen der SOM (Bild 5.8). Eine Karte der Größe 64 × 4 Neuronen zeigt einen mittleren quadratischen Fehler von 1%. Es ist allerdings zu beachten, daß die Anzahl der Neuronen nicht größer als die Anzahl der Trainingsvektoren wird, da in diesem Falle die SOM den Datensatz „auswendig" lernt.

Eine zweite Möglichkeit besteht darin, nicht nur ein einzelnes Neuron bei der Bestimmung des Ausgangswertes zu betrachten (Bild 5.9). Anstatt bei der SOM wie üblich nur ein Gewinnerneuron zuzulassen

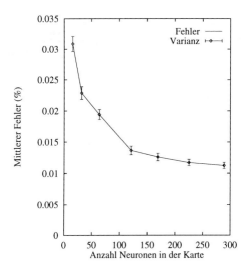

Bild 5.8 Einfluß der Anzahl von Neuronen in der Karte bei Winner-Takes-All.

(„Winner-Takes-All"-Strategie), werden nun mehrere Gewinnerneuronen zugelassen („Winner-Takes-Most"-Strategie). Der Ausgang wird nun nicht von einem einzelnen Neuron bestimmt, sondern von n, dem Eingangsvektor am nächstengelegenen Neuronen. Je nach Distanz dieser Neuronen wirken sie stärker oder schwächer auf die Berechnung des Ausgangs ein [53]. Auch diese Methode führt zu einer merklichen Verringerung des mittleren Fehlers (Bild 5.9). Dabei bestimmt die Zahl der Gewinnerneuronen die Güte der Ausgabe. Das Optimum liegt bei drei Neuronen.

5.3.2 Unterscheidung von verschiedenen Gasspektren

Nachdem sich das System zur Bestimmung der Konzentration eines einzelnen bekannten Gases bewährt hat, wird nun untersucht, ob das System auch in der Lage ist, verschiedene Gase zu unterscheiden. Dazu werden die Spektren von zwei Gasen gleichzeitig auf einer SOM gelernt. Diese Aufgabe ist wesentlich komplexer. Beide Gase wirken sich vergleichbar aus auf die Dicke der Membran, so daß dieser Parameter zwar zur Bestimmung der Konzentration wichtig ist, jedoch keinen Hinweis

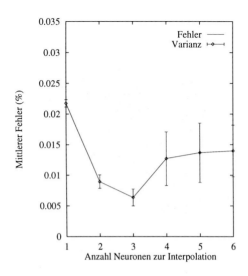

Bild 5.9 Einfluß der Anzahl der Neuronen die in die Interpolation eingehen. Die Interpolation mit einem Neuron entspricht der normalen SOM Methode.

auf das Gas gibt, das diese Dickenänderung verursacht hat. Nun geht es also darum, den eingangs erwähnten Einfluß auf die optischen Parameter des Polymers mit auszuwerten.

Hier wurden zwei Datensätze von je 120 Vektoren zum Training verwendet. Wie das Bild 5.10 zeigt, gelingt es der angelernten Karte, die Spektren der beiden Gase zu trennen. Der linke Bereich der Karte repräsentiert das erste Gas, der rechte Bereich das zweite Gas. Bei Auswertung der SOM werden in nur etwa 3% der Fälle die beiden Gase verwechselt. In 95% der Fälle wird das Gas mit einem Fehler von weniger als 5 % wiedererkannt.

Die selbstoranisierende Karte in Kombination mit den vorgestellten Erweiterungen stellt eine leistungsfähige Methode zur Auswertung von Spektren dar. Die Konzentrationen von bekannten Gasen konnte mit einem Fehler von etwa 2%, bezogen auf den Variationsbereich des Gases, ermittelt werden. Bei Gaserkennung, die eine wesentlich schwierigere Konfiguration darstellt, stieg der Fehler zwar etwas an, ist aber noch überraschend gering. Der Fehler konnte durch die Wahl einer größeren Karte und durch die Anwendung von Interpolationsmethoden noch deutlich verringert werden.

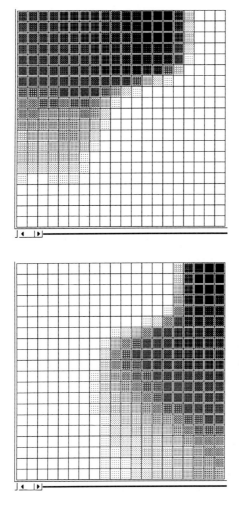

Bild 5.10 Erkennungsregion des ersten und des zweiten Gases

Kapitel 6

Die selbstorganisierende Karte im Maschinenbau: Optimierungsprobleme in der Logistik

In der Logistik sind häufig Optimierungsprobleme zu lösen, deren Komplexität dazu führt, daß sie mit herkömmlichen Ansätzen nicht effizient zu behandeln sind. Ein schwieriges Problem, das in vielfacher Ausprägung in der Logistik vorkommt, ist bei der Tourenplanung das Problem des Handlungsreisenden.

Es existieren eine Vielzahl von zum Teil sehr aufwendigen Methoden, eine Rundreise durch vorgegebene Orte zu berechnen. Sie sind für bestimmte Varianten des Handlungsreisendenproblems mehr oder weniger gut geeignet.

Um für die Praxis relevante Ergebnisse zu erzielen, setzt M. Wölker von der Universität Dortmund ein Lösungsverfahren ein, das auf der SOM basiert.

6.1 Logistik

Logistik, ein Teilgebiet aus dem Maschinenbau, ist die wissenschaftliche Lehre der Planung, Steuerung und Überwachung der Flüsse von Informationen, Energie, Personen und Material in Systemen [54]. Da eine stetig wachsende Zahl von Systemen in immer komplexere Umgebungen und Zusammenhänge eingebunden werden muß, wird die Rolle der Logistik im Wirtschaftsleben immer wichtiger.

Zwei Effekte machen die Aufgabe zunehmend schwierig: Die Systeme werden weitreichender und erfassen sowohl innerbetrieblich als auch außerbetrieblich mehr Bereiche. Zweitens müssen immer mehr Details berücksichtigt und beeinflußt werden. Erschwert werden die Bedingungen zusätzlich durch die Eigendynamik und Intransparenz heutiger Systeme. Zudem muß der Mensch einbezogen werden, und zusätzlich sind

84

verschiedene Ziele zu erreichen, die oft auch im Gegensatz zueinander stehen.

Probleme dieser Art werden im allgemeinen mit komplex bezeichnet. Für sie sind teilweise sehr elaborierte Lösungsmethoden erarbeitet worden.

Eine Teilaufgabe für die Logistik ist die Tourenplanung, für die Rundtouren berechnet werden müssen. Dieses Problem wird im allgemeinen als das Problem des Handlungsreisenden (Englisch: Travelling Salesman Problem, kurz TSP) bezeichnet. In der Praxis könnte es wie folgt lauten:

- Ein Handlungsreisender möchte eine Anzahl von Kunden in verschiedenen Orten besuchen. Nach Abschluß der Besuche möchte er an seinen Ausgangsort zurückkehren.

- Für die Entsorgung muß eine Sammeltour zusammengestellt werden, die an allen, einem Müllfahrzeug zugeordneten Containern vorbeigeht. Das Fahrzeug startet auf dem Betriebshof und muß am Ende zu ihm zurückkehren.

- Eine Spedition muß verschiedene Kunden in einer Tour anfahren. Start und Ende der Rundtour soll die Spedition selbst sein.

- Werden aus einem Lager verschiedene Teile benötigt, so muß der Kommissionierroboter vom Übergabeplatz ausgehend alle Fächer abfahren, aus denen Teile benötigt werden, und am Ende die entnommenen Teile am Übergabeplatz abliefern (Bild 6.1).

Bei allen Aufgaben dieser Art stellt sich dieselbe Frage: Welchen Weg soll man wählen – in welcher Reihenfolge soll der Handlungsreisende die Kunden besuchen –, damit die insgesamt zurückgelegte Entfernung so gering wie möglich ist? Dieses grundlegende Problem wird schon seit langem bearbeitet [55]. Tiefergehende Informationen zum TSP allgemein und zu logistischen Optimierungsproblemen findet man in [56, 57, 58][1].

Obwohl das Problem sehr einfach beschrieben werden kann, ist es doch sehr schwer zu lösen. Das liegt daran, daß die Zahl der möglichen Touren schon bei wenigen Positionen sehr groß wird:

---

[1] Die Planung von Rundtouren ist nur ein Teilproblem der Tourplanung. Z.B. müssen alle Kundenaufträge auf verschiedene LKW aufgeteilt werden, wenn einer nicht ausreicht, um alle Kunden zu bedienen. Außerdem müssen in der Praxis auch zahlreiche Randbedingungen beachtet werden, beispielsweise die Einhaltung bestimmter Zeiten.

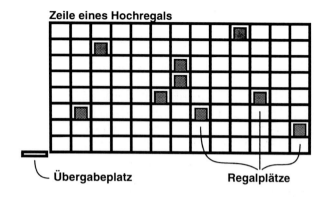

Zeile eines Hochregals

Übergabeplatz　　　　　**Regalplätze**

Bild 6.1 Tourplanung zur Kommissionierung in einer Hochregallagergasse: Bei der Teilentnahme aus einem Lager wird häufig so verfahren, daß erst eine gewisse Anzahl Aufträge gesammelt wird. Die Aufträge werden dann in einem Durchgang abgearbeitet. Je schneller der Kommissionierer wieder am Übergabeplatz ist, desto besser. Daher soll er die Reihenfolge der Regalplätze so wählen, daß der Gesamtweg möglichst kurz ist.

$$\text{Anzahl möglicher Touren durch } n \text{ Positionen} = (n - 1)! \qquad (6.1)$$

Selbst auf einem schnellen Rechner können durch Testen aller Möglichkeiten nur Touren durch wenige Positionen berechnet werden, da die Rechenzeit exponentiell ansteigt (Bild 6.2). Für große Probleme müßte man schon sehr lange warten, wenn man eine optimale Lösung benötigt.

Die Leistungen von bekannten Algorithmen lassen sich stark verbessern, wenn heuristische Verfahren eingeführt werden. Heuristik bedeutet so etwas wie die Kunst des Entdeckens. Sie macht Gebrauch von unscharfem Wissen (Daumenregeln, Faustformeln), das im allgemeinen die Effizienz eines Systems bei Problemlösungen verbessert. Problemspezifisches heuristisches Wissen fließt dann in Systeme ein, wenn exakte Verfahren nicht bekannt oder zu aufwendig sind.

Dabei wird allerdings in Kauf genommen, daß statt der optimalen Lösung nur eine gute Lösung gefunden wird. Es ist also immer notwendig, zwischen Präzision der Lösung und der Geschwindigkeit des Vorgehens zu unterscheiden. In dieser Anwendung der selbstorganisierenden Merkmalskarte wird untersucht, ob der Einsatz der Heuristik zur Lösung des TSP für die praktische Anwendung möglich ist.

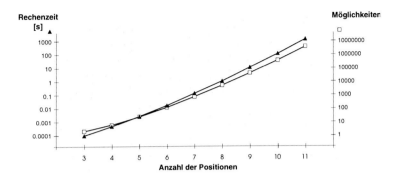

Bild 6.2 Rechenzeit für optimale TSP-Lösungen: Verwendet wurde auf einem PC 386/33MHz ein rekursiver Algorithmus, der alle Möglichkeiten durchprobiert.

6.2 Die selbstorganisierende Karte zur Lösung des Travelling Salesman Problems

Alle Positionen für die Tour, seien es nun Städte, Müllcontainer oder Regalpositionen, haben Koordinaten (x, y) in einer Landkarte. Die Koordinaten stellen die Eingabemuster für das neuronale Training dar. Somit benötigt die SOM zwei Eingabeneuronen. Die Neuronen in der Kartenschicht sind in einem geschlossenen Ring angeordnet. Da genau zwei Eingabeneuronen vorhanden sind, können die Gewichtsvektoren als Koordinaten in der Landkarte verstanden werden (Bild 6.3). Durchläuft man die Positionen der Neuronen im Ring nacheinander, so fährt man auf der Landkarte eine Rundtour. Die Idee besteht nun darin, daß die Positionen der Neuronen im Ring im Laufe des Lernvorgangs an die gewünschten Positionen angepaßt werden.

Während eines Trainingschritts wird das Erregungszentrum (Reizzentrum) auf der SOM bestimmt und die Neuronen in der Umgebung des Reizzentrums auf die aktuelle Position zubewegt. Das Bild 6.4 a zeigt das gewählte Reizzentrums. In 6.4 b hat dieses Erregungszentrum einen Adaptionsschritt zur aktuellen Position gemacht. Schließlich ist in 6.4 c dargestellt, wie die Neuronen in der Umgebung des Reizzentrums ebenfalls auf die aktuelle Position zubewegt worden sind.

Diese Lösung des TSP mit der SOM ist schon vielfach beschrieben worden [59, 18]. Sie hat leider den Nachteil, daß man ungefähr doppelt

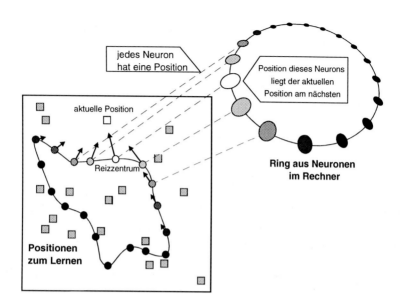

Bild 6.3 Lernschritt für das Travelling Salesman Problem: Anpassung eines Rings aus Neuronen zum Erlernen einer Rundtour durch verschiedene Positionen. Die Positionen der Neuronen in der Umgebung des Reizzentrums bewegen sich auf den Reiz zu (kleine Pfeile).

so viele Neuronen benötigt wie Positionen vorhanden sind, um eine gute Lösung zu erreichen. Daher muß man beim Training lange warten, bis eindeutig klar ist, welche Neuronen zu Positionen gehören und welche einfach übrig sind. Erst danach kann die Rundtour festgelegt werden. Besser wäre ein klares Entscheidungskriterium, das eindeutig zeigt, wann man fertig ist.

6.3 Dynamische Erweiterung der selbstorganisierenden Karte für das Travelling Salesman Problem

Eine SOM muß nicht unbedingt eine feste Neuronenzahl haben. Es ist auch möglich, die Größe der Karte an das Problem anzupassen [60, 61]. In unserem Fall ist eine Karte mit genau so vielen Neuronen wie Positionen optimal.

Dazu wird der Kohonen-Algorithmus zum Training um Regeln erweitert, die bei Bedarf neue Neuronen erzeugen und überflüssige Neuronen wieder entfernen.

Regel 1 (Erzeugungsregel) *Immer wenn ein Neuron in einem Lernzyklus zum zweitenmal Reizzentrum ist, muß ein neues Neuron erzeugt werden. Das neue Neuron hat die gleichen Koordinaten. Es wird im Ring unmittelbar hinter dem Reizzentrum eingefügt.*

Diese Regel sorgt dafür, daß immer dort neue Neuronen erzeugt werden, wo viele Positionen liegen. Bild 6.5 zeigt, wie die Neuronenzahl ansteigt. Zu Beginn des Lernvorgangs besteht der Ring nur aus vier Neuronen. In den ersten Lernzyklen werden ca. doppelt so viele Neuronen erzeugt wie Positionen vorhanden sind. Daher gehören ca. die Hälfte der Neuronen zu keiner Position. Sie werden nach und nach wieder gelöscht.

Regel 2 (Vernichtungsregel) *Wird ein Neuron innerhalb von drei Lernzyklen nicht zum Reizzentrum, so kann es gelöscht werden.*

Neuronen, die nie Reizzentrum sind, liegen offensichtlich in einer Gegend, die in der Rundtour nicht benötigt wird. Diese überflüssigen Neuronen werden vom Algorithmus wieder entfernt. Das Bild 6.5 zeigt den Abfall der Neuronenzahl. Die Anzahl der Neuronen erreicht nach 55 Schritten einen Wert von 40, und die Rundtour ist damit fertig. Die Abbruchregel ist daher:

Regel 3 (Abbruchregel) *Werden weder Neuronen erzeugt noch gelöscht, dann ist jeder Position genau ein Neuron zugeordnet. Die Berechnung der Rundtour ist abgeschlossen.*

Das Training der Positionen ist aber nicht immer gleich. Da es sich um eine Heuristik handelt, schwanken sowohl die Zahl der Neuronen in verschiedenen Läufen als auch die Ergebnisse. Tabelle 6.1 zeigt für die Positionen aus der Bild 6.4 das mittlere Ergebnis aus zehn Läufen für das gleiche Problem.

Damit diese Methode funktioniert, müssen folgende Hilfsregeln beachtet werden:

- Wenn ein neues Neuron erzeugt wird, führt man keine Adaption aus.

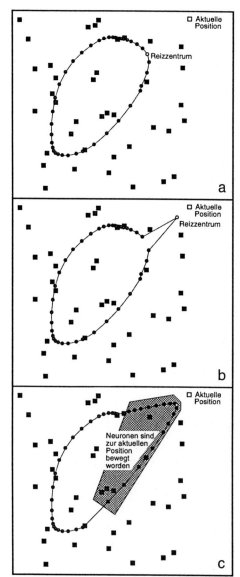

Bild 6.4
Adaption einer Position beim Erlernen einer Rundtour: Berechnung einer Tour durch 40 Positionen: Im dritten Lernzyklus (vgl. Bild 6.6) aufgezeichnete Adaption des Rings aus Neuronen zur Position oben-rechts. Das weiße Neuron liegt der aktuellen Position am nächsten und wird daher Reizzentrum. Es macht den größten Anpassungsschritt in Richtung auf die aktuelle Position.

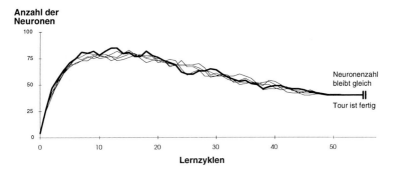

Bild 6.5 Verlauf der Neuronenzahl beim Erlernen einer Rundtour: Fünf Verläufe der Neuronenzahl beim Erlernen einer Rundtour durch 40 Positionen. Der im Bild fett hervorgehobene Trainingslauf wurde mit der Berechnug von Bild 6.6 aufgezeichnet.

	Zyklen	Länge	Zeit
Mittelwert	55.80	573.32	171.05
Standardabweichung	3.8 %	1.9 %	3.9 %

Tabelle 6.1 *Ergebnisse der Berechnung einer Tour durch 40 Positionen (Bild 6.6 und 6.4) auf einem PC 386/33MHz ohne 387 unter MS-Windows. Objektorientierte Implementation mit BP 7.0. Für die praktische Anwendung ist wesentlich, daß die Ergebnisse nur geringen Schwankungen unterliegen.*

- Reizzentrum und neues Neuron werden für den nächsten Lernschritt deaktiviert und können so nicht Reizzentrum werden.

- In jedem Lernzyklus müssen die Positionen in einer zufälligen Reihenfolge gelernt werden.

In Bild 6.6 ist dargestellt, wie sich eine Tour herausbildet. Angefangen von einem glatten Ring mit wenigen Neuronen (nach zwei Lernzyklen) formt sich schon nach wenigen Lernzyklen eine Rundreise durch das gesamte Gebiet (vier Lernzyklen). In der mittleren Bildreihe sind über 80 Neuronen vorhanden. Der Ring bekommt nach und nach immer mehr Dellen und Beulen, da sich die Neuronen immer mehr für einzelne Positionen spezialisieren. In der unteren Reihe fällt die Neuronenzahl ab, und die Neuronen werden endgültig einzelnen Poistionen zugeordnet.

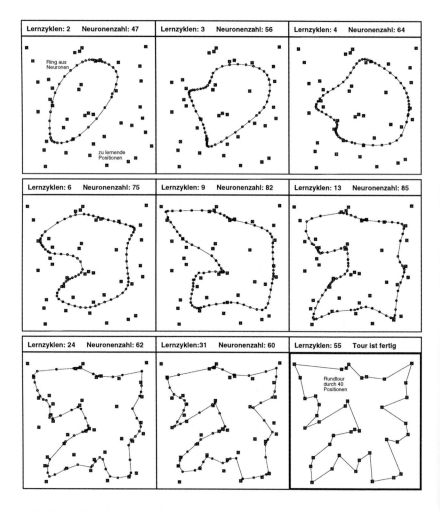

Bild 6.6 Erlernen einer Rundtour mit der dynamischen SOM: Der Ring aus Neuronen erlernt die Positionen, indem er sich mit jedem Lernzyklus, vergleichbar mit einem Gummiband, mehr ausbeult. Jede Position zieht den Ring ein wenig in ihre Richtung 6.4). Zum Ende der Anpassung (dicker Rahmen) gehört zu jedem Neuron genau eine Position.

Verwendete Algorithmen	
HAMILTON	Auf der Technik der dynamischen Programmierung basierender Algorithmus, der eine exakte Lösung berechnet.
NEAREST	Angefangen beim Startpunkt wird immer derjenige Knoten als nächster besucht, der die kleinste Distanz zum momentanen Knoten hat. Dieser Algorithmus entspricht menschlichem Verhalten.
ALLNEAREST	Das beste Ergebnis aller möglichen NEAREST Durchläufe. Jede Position wird einmal als Startknoten ausgewählt.
TWOLOOP	Es wird eine Sammelfahrt geplant, die generell aus nur einer Hin- und Rückfahrt in der Vorzugsrichtung des Lagers besteht.
SELFORG	Selbstorganisierendes neuronales Netz, das auf einer eindimensionalen SOM basiert [60].
RANDOM	Weiterentwicklung von SELFORG, das die Lagerpositionen vor jedem Lernzyklus erneut mischt [61].

Tabelle 6.2 *Travelling-Salesman-Algorithmen zum Vergleich mit der Rundtourberechnung mittels selbstorganisierender Merkmalskarte [61].*

Das Erlernen der Rundtour kann man sich gut an einem Gummiband veranschaulichen, daß nach und nach zu den einzelnen Positionen ausgedehnt wird.

6.4 Ergebnisse

Der oben beschriebene Algorithmus (RANDOM) wurde mit bekannten deterministischen (NEAREST, ALLNEAREST, HAMILTON) und heuristischen (SELFORG, TWOLOOP) Verfahren verglichen [61]. In der Tabelle 6.2 sind die Algorithmen kurz beschrieben.

Aufgrund der zum Teil heuristischen Natur der Verfahren ist der Vergleich nur statistisch möglich. Für 10, 30, 50, 100 Positionen wurden hierfür jeweils 1 000 Zufallsprobleme für eine Hochregallagerzeile von

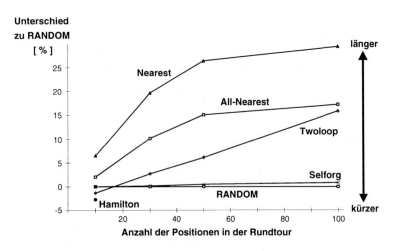

Bild 6.7 Vergleich der Ergebnisse verschiedener TSP-Algorithmen. Das neuronale Verfahren Random schneidet besonders bei größeren Rundtouren besser ab als weit verbreitete andere Verfahren zur Lösung des TSP 6.2).

100×20 Fächern erzeugt und mit den Verfahren berechnet. Das Bild 6.7 zeigt die mittleren Tourlängen relativ zu RANDOM. Die Qualität des Ansatzes ist offensichtlich. Bei kleinen Problemgrößen liegt RANDOM, ebenso wie sein Vorgänger SELFORG [60], nur 2,6 % schlechter als die mit HAMILTON berechnete optimale Lösung. Für größere Probleme sind beide selbstorganisierenden Heuristiken (SELFORG, RANDOM) deutlich besser als die verglichenen Verfahren, wobei HAMILTON aufgrund langer Rechenzeiten nicht berechnet wurde. Das Vorgänger-Modell SELFORG unterschiedet sich nur darin von RANDOM, daß es die Positionen vor jedem Lernzyklus nicht in eine neue Zufallsreihenfolge bringt.

Dadurch entsteht häufig der Effekt, daß gegen Ende des Trainings immer ein Neuron erzeugt und wieder vernichtet wird. Durch diesen unschönen Effekt wird SELFORG nicht fertig und erzeugt im Schnitt etwas längere Touren als RANDOM. Selbstorganisierende Merkmalskarten ergeben bessere Ergebnisse, wenn die Lernmuster in zufälliger Reihenfolge präsentiert werden.

Für den praktischen Einsatz wurden weitere Untersuchungen durchgeführt. Sie ergaben, daß verschiedene Lösungen nur wenig vom Mittelwert abweichen. Unabhängig von der Zahl der Positionen ist der Mittelwert ca. 3 % schlechter als optimale Lösungen, sofern sie bekannt sind. Getestet wurde das an einer bekannten optimalen Tour durch 532 Städte in den USA [62]. Da zudem auch die Rechenzeit duch das eindeutige Abbruchkriterium vorhersehbar ist, sind drei wichtige Kriterien für die Praxis gegeben:

1. **Qualität**: Die hohe Qualität der Lösung ist stets ca. 3 % entfernt vom Optimum.

2. **Stabilität**: Trotz Heuristik ist man sicher, daß es keine Ausreißer gibt.

3. **Zeitrahmen**: Die Rechenzeit ist vorher abschätzbar.

Der Algorithmus RANDOM läßt sich relativ einfach implementieren und erweist sich als sehr robust. Die Ergebnisse sind deutlich besser als bei einfachen Verfahren, ohne daß die Rechenzeiten unerträglich lange wären. Viele starke TSP-Löser, etwa Threshold-Accepting [63], benötigen zu Beginn eine möglichst gute Rundtour, um sie dann anschließend zu verbessern. RANDOM ist zur Erzeugung einer guten Anfangstour geeignet, so daß ein hybrides System entsteht.

Kapitel 7
Die selbstorganisierende Karte in der Elektrotechnik: Von der Mikroelektronik bis zum Kraftwerk

1985 demonstrierten Goser und Rückert erstmals, daß man mit der SOM die Güte der elektrischen Eigenschaften von Transistoren bewerten, ja sogar die Güte des Fertigungsprozesses selbst beurteilen kann [64]. Obwohl in dieser Arbeit zunächst nur ein kleiner Datensatz von Vektoren untersucht wurde, der zudem nur Daten von simulierten Transistoren enthielt, sollte dieser Versuch doch richtungsweisend sein für viele neue Anwendungen der SOM in der Mikroelektronik, die später entwickelt wurden.

Im Rahmen seiner Dissertation setzte sich V. Tryba intensiv mit dem Einsatz der SOM in der Mikroelektronik auseinander [65].

Eine Anwendung ganz anderer Größenordnung ist die Vorhersage des Elektroenergieverbrauchs bis zu einer Woche, eine der zentralen Grundlagen einer sicheren, zuverlässigen und kostengünstigen Versorgung der Abnehmer mit Elektroenergie.

Steffen Heine von der BEST Data Engineering GmBH Berlin setzt die SOM zur Lastprognose für Kraftwerke ein.

7.1 Die selbstorganisierende Karte in der Mikroelektronik

7.1.1 Klassifikation von Transistoren

Die Komponenten der Eingabevektoren bestehen bei dieser Anwendung aus zwei Arten von Größen. Zum einen werden während des Herstellvorgangs der Transistoren die Prozeßparameter notiert, die an den Fertigungseinrichtungen eingestellt werden, z.b. Gasdrücke, Dotierungskonzentrationen und andere Parameter, die den Herstellungsvorgang charakterisieren. Zum anderen werden Testparameter am fertigen Transistor gemessen, mit denen die Güte seiner elektrischen Eigenschaften üblicherweise beurteilt wird, z.b. Strom- und Spannungsverstärkungen. Aus diesen Größen wird für jeden Transistor ein Eingabevektor für die Karte gebildet. Zum Anlernen der Karte wird eine größere Anzahl solcher Vektoren benötigt. Erste Aussagen über einen Fertigungsprozeß können aber auch schon mit einer kleineren Anzahl von Vektoren gemacht werden, z. B. mit nur 30 Vektoren, insbesondere dann, wenn sich diese Vektoren hinreichend stark unterscheiden und verschiedene Zustände der Fertigungslinie wiedergeben.

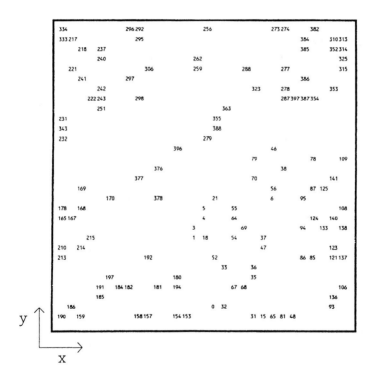

Bild 7.1 Vektorlagekarte von Meßwerten an Transistoren. Die freien Gebiete lassen eine Abgrenzung der Häufungspunkte erkennen. Die Eingabevektoren sind fortlaufend numeriert.

Im folgenden wird ein Beispiel aus Messungen von Transistoren vorgestellt, die in einer Fertigungslinie für integrierte Schaltungen an der Universität Dortmund am Lehrstuhl für Bauelemente der Elektrotechnik hergestellt wurden [65]. Die Anzahl der Komponenten der Vektoren betrug 56. Die Zahlen in Bild 7.1 geben die Nummer des jeweiligen Eingabevektors an. Jede Zahl entspricht also dem Vektor für einen bestimmten Transistor. Die Vektoren waren nicht fortlaufend numeriert. Bei der Betrachtung der Vektorlagekarte erkennt man unschwer die folgenden Eigenschaften der Karte:

a) Es bilden sich offenbar Gruppen von Transistoren (Cluster), die zusammengehören. Diese unterscheiden sich von anderen Gruppen.

b) Die einzelnen Gruppen sind durch freie Streifen voneinander getrennt. Diese ermöglichen eine Abgrenzung der Gruppen voneinander.

Bei einer weitergehenden Analyse der Daten erkennt man, daß die Vektoren von zueinander ähnlichen Transistoren in der Karte räumlich nahe beieinander gespeichert sind, während zueinander unähnliche Transistoren auch in der Karte weit voneinander entfernt gespeichert wurden (Prinzip der Topologieerhaltung). Die Abstände im n-dimensionalen Raum werden in der Bild 7.1 durch entsprechend verzerrte, zweidimensionale Entfernungen repräsentiert.

Um nähere Einsichten zu erhalten, wie die Karte die Vektoren der Transistoren geordnet hat, betrachtet man am besten die Komponentenkarten. Als Beispiel sind vier Komponentenkarten in Bild 7.2 gezeigt. Eine große Ähnlichkeit zweier Komponentenkarten bedeutet eine große Korrelation zwischen den zwei Größen. Dies ist z. B. für die Gateoxid-Durchbruchspannung und die Feldschwellenspannung der Fall.

Vergleicht man die beiden Komponentenkarten zusätzlich mit der Vektorlagekarte in Bild 7.1, so erkennt man sofort, daß die Transistoren, deren Vektoren links oben in der Karte gespeichert wurden, eine niedrige Gateoxid-Durchbruchspannung und eine niedrige Feldschwellenspannung aufweisen. Mit Hilfe der Komponentenkarten wird also sofort klar, wie die Karte die Vektoren sortiert hat.

Die beiden unteren Komponentenkarten in Bild 7.2 sind zueinander invers. Offenbar gilt dann für die Schwellenspannung und die Sättigungsspannung: Ist die eine groß, so ist die andere klein und umgekehrt. Eine statistische Analyse ergibt dann einen negativen Korrelationskoeffizienten.

Die SOM ist offenbar gut geeignet, Korrelationen in einer großen Anzahl von Meßwerten zu erkennen und eine große Menge von Meßwerten

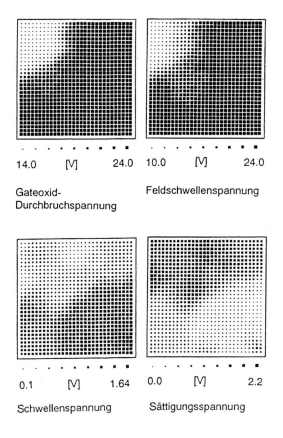

14.0 [V] 24.0	10.0 [V] 24.0
Gateoxid- Durchbruchspannung	Feldschwellenspannung
0.1 [V] 1.64	0.0 [V] 2.2
Schwellenspannung	Sättigungsspannung

Bild 7.2 Komponentenkarten für 4 verschiedene Parameter der Transistoren

zu visualisieren, insbesondere höherdimensionale Zusammenhänge der Daten.

Das dargestellte Verfahren eignet sich sowohl zur Qualitätskontrolle der hergestellten als auch neu hergestellter Transistoren. Man lernt zu diesem Zweck die Karte mit einer großen Zahl von Vektoren an, die den gesamten Prozeß mit seinen Schwankungen repräsentieren. Diese Daten werden z. B. während einer längeren Phase des Betriebs der Fertigungslinie während einiger Wochen gesammelt und dann angelernt.

Sofern man nun einen neu hergestellten Transistor nach seiner Qualität klassifizieren will, geht man wie folgt vor: Die Meßdaten eines neu hergestellten Transistors werden als Eingabevektor an den Eingang der Karte angelegt, und es wird der ähnlichste Gewichtsvektor in der Karte gesucht. Dieser wird z. B. mit einem Kreuz in der Vektorlagekarte nach Bild 7.1 und in allen Komponentenkarten (vgl. Bild 7.2) markiert. Man erkennt dann sofort, in welcher Gruppe von Transistoren sich der aktuell zu klassifizierende Transistor befindet. Damit ist z. B. eine Einordnung in Qualitätsklassen möglich. Werden alle neu hergestellten Transistoren in dieser Weise charakterisiert, so erkennt man auch Drifterscheinungen, die in der Fertigungslinie vorkommen. Damit kann folglich auch der Herstellungsvorgang selbst überwacht werden.

7.1.2 Überwachung von Fertigungslinien für integrierte Schaltungen

Das beschriebene Verfahren kann weiterentwickelt werden, um auch ganze Fertigungslinien für integrierte Schaltungen zu überwachen. Das dies grundsätzlich möglich ist, wurde in [66] gezeigt. Eine genaue Untersuchung findet sich in [65]. Mit Hilfe von Datensätzen aus der Fertigungslinie eines bedeutenden Halbleiterherstellers konnte die Eignung des Verfahrens auch für sehr große Datensätze gezeigt werden. Die untersuchten Vektoren hatten teilweise bis zu 367 Komponenten. Auch bei einer sehr großen Zahl von Vektoren (ca. 1 000 Stück) war die Karte imstande, immer geordnete Komponentenkarten mit regelmäßigen, nicht zufälligen Strukturen zu erzeugen. Die Fähigkeit der Karte, Ordnungsstrukturen in großen Datenmengen sichtbar zu machen, ist daher als sehr gut zu bezeichnen.

Als Beispiel für eine Korrelationserkennung mit Hilfe der Karten sei die Korrelation zwischen den Meßgrößen des Ohmschen Widerstandes zweier Kontaktlochketten in Bild 7.3 gezeigt. Die dort mit „Kontaktlochkette 3" bezeichnete Kontaktlochkette ist empfindlicher gegen Prozeßschwankungen (mehr Ausfälle) als die „Kontaktlochkette 4". Dies ist gekennzeichnet durch einen etwas größeren hochohmigen Bereich (größerer schwarzer Bereich auf der Komponentenkarte) für die „Kontaktlochkette 3".

Der Einsatz der selbstorganisierenden Karte in diesem Bereich ist sinnvoll, weil die statistische Analyse von komplexen Fertigungslinien nach wie vor ein nicht vollkommen gelöstes Problem darstellt. Bei einer Analyse mit Hilfe der Korrelationskoeffizienten zweier Größen werden manch-

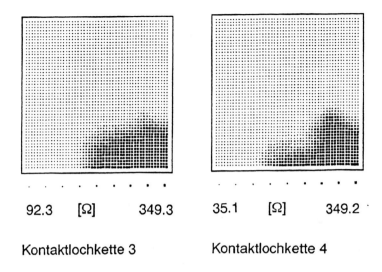

| 92.3 | [Ω] | 349.3 | 35.1 | [Ω] | 349.2 |

Kontaktlochkette 3   Kontaktlochkette 4

Bild 7.3 Komponentenkarten für die Ohmschen Widerstände zweier Kontaktlochketten

mal leider Scheinkorrelationen vorgetäuscht. Da die SOM ein nichtlineares Verfahren ist, tritt dieses Problem hier nicht auf.

7.1.3 Entwurfsverfahren für integrierte Schaltungen

Das beschriebene Verfahren kann in einer Abwandlung auch als Entwurfsunterstützung von analogen Schaltungen eingesetzt werden. Als Beispiel sei der Entwurf einer Referenz-Spannungsquelle skizziert (Bild 7.4). Beim Entwurf sind die Längen und Weiten der MOS-Transistoren festzulegen, sowie die Größe des Ohmschen Widerstandes. Diese werden im folgenden als Design-Parameter bezeichnet.

Die Grundidee des Verfahrens besteht darin, daß man zunächst eine größere Anzahl von Referenzquellen mit Hilfe eines Simulationsprogrammes simuliert. Jedes Simulationsergebnis wird als ein Eingabevektor angesehen. Zur Vereinfachung werden die einzelnen Designparameter systematisch in sinnvoller Weise variiert und z. B. einige hundert Simulationen mit dem Schaltungssimulator durchgeführt.

Die Ergebnisse der Simulation werden mit der SOM angelernt, die

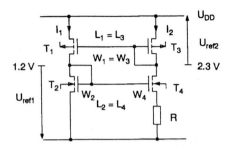

Bild 7.4 Schaltbild einer Referenz-Spannungsquelle

gewissermaßen die simulierten Schaltungen sortiert. Man erkennt dann, daß z. B. alle guten Simulationsergebnisse in einem bestimmten Bereich der Karte abgebildet werden. Mit Hilfe der Komponentenkarten erhält man eine übersichtliche Darstellung aller Simulationsergebnisse, die für einen fachkundigen Ingenieur aussagekräftig ist. In dieser Weise kann der Entwurfsvorgang deutlich beschleunigt werden Eine nähere Beschreibung des Verfahrens findet man in [67].

Die SOM läßt sich auch noch für weiterer Klassifikationsaufgaben in der Elektrotechnik einsetzen. So wurde das Verfahren am Lehrstuhl für Hochspannungstechnik der Universität Dortmund für die Qualitätskontrolle der Isolation von Hochspannungskabeln eingesetzt. Das Bild 7.5 zeigt die Ergebnisse des Anlernvorganges. Es findet eine ähnliche Gruppierung statt, wie sie zuvor auch bei den Transistoren beobachtet wurde. Ein Vergleich mit anderen Verfahren, z. B. der linearen Regression zeigte gleich gute Ergebnisse. Der Entwicklungsaufwand für das Verfahren mit den selbstorganisierenden Karten war aber wesentlich geringer. Einzelheiten sind in [68] beschrieben.

7.2 Datenanalyse zur Strukturierung von Lastprognose-Spezialisten

Die Vorhersage des Elektroenergieverbrauchs bis zu einer Woche ist eine der zentralen Grundlagen einer sicheren, zuverlässigen und kostengünstigen Versorgung der Abnehmer mit Elektroenergie. Daher benötigen

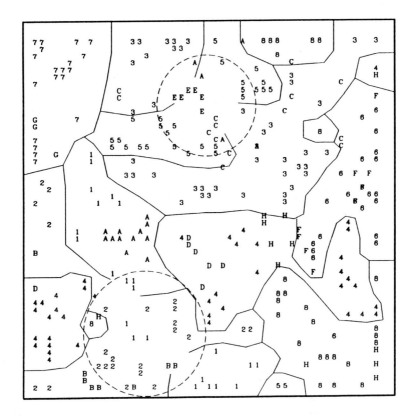

Bild 7.5 Vektorlagekarte für Fehlertypen bei Transistoren

- Verbundunternehmen (Höchstspannungsnetz),

- Energieversorgungsunternehmen (regionale Versorger) und

- Stadtwerke (Versorgungsgebiet größere Städte)

leistungsfähige, in ihre Leittechnik integrierte Tools zur Analyse und Prognose des Verbrauchs.

Typische, auf einer genauen Lastprognose aufbauende und sich ergänzende Teilaufgaben der Betriebsvorbereitung sind:

- *Kraftwerkseinsatzplanung*
  Da die Elektroenergie nur im geringen Umfang speicherbar ist,

103

muß die abgeforderte stets gleich der in den Kraftwerken erzeugten Energiemenge sein. Die gegebene Stochastik des Verbrauchsverhaltens stellt somit eine hohe Anforderung an das Energiemanagement, denn auch große Änderungen des Verbrauchs müssen durch den jeweilig zuständigen Energieversorger insbesondere mittels Regelung der Erzeugung nach wenigen Sekunden ausgeglichen werden. Die teilweise recht langen Anfahrtszeiten der Erzeugerblöcke in den Kraftwerken (Minuten bis über 24 Stunden) machen es erforderlich, bestimmte Leistungen als Reserve zur Bewältigung der Änderungen des Verbrauchs vorzuhalten. Das Aufstellen eines Einsatzplanes für die Kraftwerksblöcke einen Tag bzw. eine Woche im voraus soll diese Leistungsvorhaltung betriebswirtschaftlich optimieren.

- *Aufstellung des Schaltplans für steuerbare Verbraucher*
  Die bei einigen Energieversorgern in erheblichem Umfang installierten steuerbaren Verbraucher (das sind zumeist Nachtspeicheröfen, die mittels Funk oder über das Energienetz gesendete Signale schaltbar sind) können in ihrem zeitlichen Einsatz insbesondere so optimiert werden, daß eine Vergleichmäßigung des Betriebs der Kraftwerksblöcke erfolgt und deren Anfahrts- und Abfahrtskosten reduziert werden.

Daneben werden durch die Lastprognose auch Aufgaben der unmittelbaren Betriebsführung des Elektroenergiesystems in den Leitwarten unterstützt, wie die Einhaltung maximaler Bezugsleistungen gegenüber dem übergeordneten Energieversorgungsunternehmen.

7.2.1 Modellierung des Verbrauchs

Die Aufzeichnung des Verbrauchs eines Versorgungsgebiets über einen bestimmten Zeitraum stellt allgemein eine chaotische Zeitreihe dar. Gegenüber anderen, allgemein bekannten Prognoseaufgaben von Zeitreihen wie der Aktienkursprognose sind bei der Verbrauchsprognose folgende Gesetzmäßigkeiten zu beachten:

1. Der Verbrauch elektrischer Energie ist ein nichtstationärer Prozeß mit einer ausgeprägten Tages-, Wochen- und Jahresperiodizität.

2. Neben der Zeit beeinflussen insbesondere das Wetter und ökonomische Parameter den Verbrauch und sind somit potentielle Parameter für dessen Modellierung.

3. Besondere Ereignisse wie Streiks und extreme Wetterlagen (z.b. starke Kälte), in Stadtgebieten auch Fernsehsendungen mit hohen Einschaltquoten (z.b. bei der Fußball-Weltmeisterschaft; Lastrückgang, da eher leistungsstarke Verbraucher dann nicht genutzt werden) erschweren durch ihr seltenes Auftreten und ihre schwierige Vorhersage die Verbrauchsmodellierung.

Neben statistischen Verfahren zur Verbrauchsmodellierung wurden in den letzten Jahren insbesondere künstliche neuronale Netze und dabei Feedforward-Netze zum Einsatz vorgeschlagen [69, 70]. Ihr großer Vorteil ist die selbsttätige Anpassung an die Gesetzmäßigkeiten und Abhängigkeiten des Verbrauchs im jeweiligen Versorgungsgebiet. Es macht wenig Sinn, für alle möglichen Verbrauchssituationen ein einziges Prognosemodell zu bilden, d.h. ein neuronales Netz zu trainieren, da die dadurch erzielbare Genauigkeit den praktischen Anforderungen nicht genügt. Ein Aufbau von Spezialistenmodellen ist für verschiedene Tagestypen und für verschiedene Abschnitte des Tages (d.h. eine eher statische Betrachtung) sinnvoll.

Die in Bild 7.6 dargestellten Beispiel-Verbrauchskurven eines Stadtwerks verdeutlichen, daß eine Einteilung der Tage in arbeitsfreie Tage und Arbeitstage dabei nicht genügt. Vielmehr bestehen auch innerhalb dieser groben Unterteilung tagestypische Regelmäßigkeiten, die eine Berücksichtigung durch Aufbau von Spezialisten erfordern. So ist in diesem Versorgungsgebiet der Montag durch einen starken Anstieg des Verbrauchs in den Morgenstunden (vom Wochenendniveau) gekennzeichnet, und auch sein Verbrauchsniveau ist allgemein geringer als Dienstag–Donnerstag. Der Sonnabend hat einen zum Sonntag deutlich verschiedenen Verbrauchsverlauf. In vielen Gebieten ist wiederum der Freitag (Lage zum Wochenende) als separater Typ zu betrachten.

Nun bestehen bei der Vielzahl der Energieversorger durch die regional unterschiedlichen klimatischen Bedingungen und Abnehmerstrukturen (z.B. Industrie, Wohngebiete) keine einheitlichen Abhängigkeiten des Verbrauchs, und somit ist keine generelle Klassifikation von Verbrauchskurven möglich. Daher ist eine möglichst weitgehend automatisierte Datenanalyse notwendig.

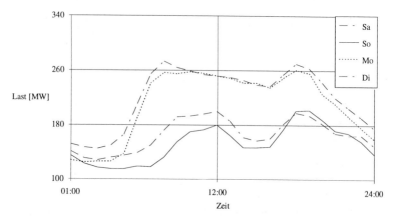

Bild 7.6 Verbrauchskurven eines Stadtwerks, Winter

7.2.2 Datenanalyse: Voraussetzung für eine genaue Lastprognose

Eine leistungsfähige Datenanalyse soll neben einer Klassifikation der Verbrauchskurven auch den Anforderungen an ein Informationssystem für Modellentwickler und Dispatcher genügen:

- Transparente Gestaltung des Prozesses der Erstellung der Klassifikationsaussage,

- Möglichkeiten des Einfließens des Dispatcherwissens über die Gesetzmäßigkeiten des Verbrauchs insbesondere bei schwierigen Klassenzuordnungen,

- Generierung von Aussagen zu geeigneten Modellinputs [71] und

- Ableitung von Empfehlungen für Betriebsführungs- und Planungsprobleme des Elektroenergiesystems.

Die zur Verfügung stehenden statistischen Analyseverfahren können diesen Anforderungen nur bedingt genügen. Ursachen dafür sind die Kompliziertheit der Verfahren, insbesondere auch für unerfahrene Nutzer, und die Abhängigkeit des Ergebnisses von der Zielrichtung der Untersuchung. Anforderungen an die Meßwerte zum Erreichen statistischer

106

Sicherheit werden nur selten erfüllt, so z.B. bei partieller Korrelationsbetrachtung (Korrelation zweier Größen unter Angabe des Einflusses der übrigen Größen). Daher sind Aussagen über Zusammenhänge und Ähnlichkeiten meist nicht zu erlangen. Clusterverfahren wie z.b. K-Means oder Fuzzy-K-Means ermöglichen zwar die Klassifikation des Datenbestandes, haben aber folgende Nachteile:

1. Die Anzahl der Klassen muß vorgegeben bzw. es muß ein Ähnlichkeitsmaß als Abbruchbedingung formuliert werden (hierarchische Verfahren).

2. Notwendige Bedingungen für eine im Anschluß durchgeführte Modellierung fließen nicht mit in die Festlegung der Klassen ein, so z.b. die Anzahl der einer Klasse zugeordneten Verbrauchsverläufe. Durch die weitaus größeren euklidischen Distanzen zwischen Verbrauchsvektoren an arbeitsfreien Tagen gegenüber den Distanzen zwischen Verbrauchsvektoren an Arbeitstagen tendieren Clusterverfahren dazu, die Mehrzahl der möglichen Klassen für die arbeitsfreien Tage zur Verfügung zu stellen. Dadurch ist aber für die Nachbildung des Verbrauchs in diesen Klassen nicht genug Datenmaterial verfügbar, während andererseits für die Arbeitstage noch genügend Differenzierungsbedarf besteht.

3. Die Zuordnung einzelner Verbrauchsvektoren zu Klassen kann nicht immer interpretiert werden, wodurch die Klassifikation nicht abgeschlossen wird und die Vorherbestimmung der Klasse zukünftiger Verläufe erschwert ist.

4. Es werden neben der reinen Klassifikationsaussage nur wenig zusätzliche Informationen generiert.

Die SOM ist durch ihre Eigenschaft der Reduzierung der Dimensionalität von Objekten (hier Verbrauchsvektoren) unter Beibehaltung ihrer Ähnlichkeitsbeziehungen hervorragend geeignet, als Basis für ein Analysewerkzeug zu dienen. Dabei ist die starre Zuordnung von einem Neuron zu je einer Klasse nicht sinnvoll. Eine im Vergleich zur Anzahl der Klassen eher große Wettbewerbsschicht ermöglicht im Zusammenhang mit aufsetzenden Verfahren eine dem jeweiligen Versorgungsgebiet, der Datenmenge und der Prognoseaufgabe entsprechende Aufteilung des Datenmaterials und erfüllt auch die oben beschriebenen Anforderungen an ein Informationssystem. Solche Verfahren sind:

1. Durch die „Aufschaltung" bestimmter Eigenschaften der jeweiligen Verbrauchsvektoren (z.B. zugehöriges Datum, zugehöriger Wochentag und Tagesindikator, mittlere Temperatur usw.) kann die Verteilung der Eigenschaften erkannt werden. Die Filterung bestimmter Verbrauchsvektoren und „Aufschaltung" nur ausgewählter Vektoren anhand ihrer Eigenschaften unterstützen diesen Prozeß.

2. Die Verteilung der Muster auf der SOM gibt bereits Informationen zu Klassen und Klassengrenzen durch Häufung in einem begrenzten Bereich und in zusammenhängenden freien Neuronen.

3. Die geeignete grafische Darstellung der Distanzen der Gewichtsvektoren macht Abstände zwischen verschiedenen Neuronen erkennbar und Klassengrenzen ermittelbar [72].

4. Die ergänzende Anwendung von Clusterverfahren auf die Gewichts- oder Verbrauchsvektoren schafft klare Klassenaussagen, die mit einer Vektorlagekarte dargestellt werden können und den Entscheidungsprozeß unterstützen. Die Entscheidung, ob die Roh- oder Gewichtsvektoren geclustert werden sollen, ist von untergeordneter Bedeutung, da durch die vorgeschlagenen Dimensionen der SOM der Unterschied (die Distanz) zwischen Verbrauchs- und zugehörigem Gewichtsvektor nach Ende des Trainings gering ist.

5. Die Aufsplittung des Datenmaterials nach Begutachtung der ersten Anlernergebnisse und erneutes Training einer SOM mit einem Teil der Daten ist notwendig und erbringt Erkenntnisse zu Gesetzmäßigkeiten innerhalb einer zunächst festgelegten Klasse und führt eventuell zur Zerlegung der Klasse.

Die Klassifikationsaussage bildet sich dabei iterativ heraus. Vorhandenes Wissen kann in die Klassifikation einfließen, und es entsteht umfangreiches neues Wissen über die Gesetzmäßigkeiten des Verbrauchs im jeweiligen Versorgungsgebiet. Zunächst nicht klar zuordenbare Verbrauchsverläufe können durch die Vielzahl der Informationen klassifiziert und mögliche Fehlklassifikationen vermieden werden.

Die Vorgehensweise zur beschriebenen Datenanalyse und Modellstrukturierung ist in Bild 7.7 aufgezeichnet. Elektrische Energienetze besitzen traditionell einen hohen Automatisierungsgrad (siehe oben beschriebene Anforderungen an die Versorgung), so daß die Datenbereitstellung meist problemlos ist und umfangreiche Datenbanken vorhanden sind. Andererseits ist festzustellen, daß das vorhandene riesige Datenwissen nur selten und dann unzureichend genutzt wird, da leistungsfähige Mittel und Methoden hierzu fehlen. Hier setzt die neue Herangehensweise auf Basis der SOM an. Sie erschließt die Möglichkeit, die Gesetzmäßigkeiten großer Datenmengen sogar in einer einzelnen Darstellung für den Menschen erfaßbar zu gestalten und bei einer schrittweisen Verfeinerung der Untersuchung bisher nicht oder nur vage bekannte Zusammenhänge und Abhängigkeiten im Datenmaterial aufzuzeigen bzw. zu bestätigen. Im nächsten Abschnitt soll am Beispiel eines Stadtwerks der Einsatz der SOM zur Verbrauchsanalyse und Modellstrukturierung dargestellt werden. Für eine ausführliche Darstellung sei auf [73] verwiesen.

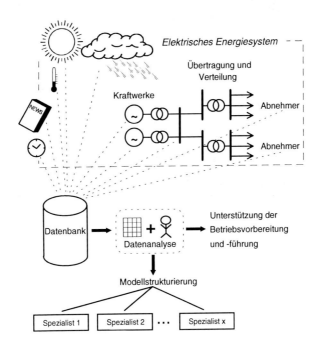

Bild 7.7 Stuktur der Analyse der Verbrauchsdaten auf der Basis der SOM

109

7.2.3 Analyse des Verbrauchs eines Stadtwerks

Ausgangspunkt für die Datenanalyse in diesem Stadtwerk war die Aufgabenstellung, unnötige Kosten beim Energiekauf im Winter zu vermeiden. Da die Kapazitäten zur Elektroenergieerzeugung in Stadtwerken zumeist nicht ausreichen, um den Bedarf im Versorgungsgebiet zu decken, muß zusätzliche Energie vom jeweiligen Energieversorgungsunternehmen gekauft werden. Dazu wird ein Vertrag ausgehandelt, der es dem Stadtwerk ermöglicht, bis zu einer bestimmten Leistungsgrenze Energie zu einem akzeptablen Preis zu beziehen. Wird diese Grenze jedoch überschritten, so fallen für den darüberliegenden Anteil extrem hohe Kosten an, die im konkreten Fall mehrere 100 000 DM je Megawatt betragen. Primäre Ursache dafür sind die hohen Kosten der Energieversorgungsunternehmen für die Bereitstellung dieser Spitzenleistung (Vorhaltung der notwendigen Anlagen, Kauf der Energie bei einem dritten Unternehmen), wobei der hohe Preis zur unbedingten Einhaltung dieses Grenzwerts im ungestörten Betrieb des Energieversorgungssystems motivieren soll.

Im konkreten Stadtwerk sind nur geringe Eigenerzeugungskapazitäten installiert, die hauptsächlich Heizdampf produzieren sollen. Eine genaue Tagesprognose ist notwendig, um bei Auftreten einer Lastspitze der Elektroenergie diese bevorzugt zu produzieren und die Dampfbereitstellung für kurze Zeit zu unterbrechen (dieses ist durch vorhandene Dampfspeicher und die Speicherfähigkeit des Wärmenetzes möglich). Daher war die Lastprognose 24 Stunden im voraus in den Wintermonaten (höchster Elektroenergiebedarf im Jahr und Gefahr des Überschreitens des Grenzwerts) das Ziel der Bildung dieses Prognosemodells. Jeder Vektor besteht aus 48 Werten, d.h. es wird der Verbrauch zu jeder halben Stunde erfaßt. Das Ergebnis ist in Bild 7.8 dargestellt. Als Merkmal der Verbrauchsvektoren ist der jeweilige Wochentag aufgetragen, wobei sich Sonntag und Sonnabend als arbeitsfreie Tage in separaten Bereichen clustern. Daher ist es sinnvoll, für diese Tage jeweils ein eigenes Prognosemodell zu bilden.

Die SOM ist bei der Visualisierung der Ähnlichkeitsbeziehungen zwischen Verbrauchssituationen ein leistungsfähiges Werkzeug und die Basis für die Analyse und Strukturierung des Datenwissens von Energieversorgungsunternehmen, was durchgeführte Untersuchungen bei mehreren Energieversorgern und deren Ergebnisse unterstreichen [74]. Im Rahmen des Verbundprojekts NEUPRO (Neuronale Systeme zur Analyse und Bedienerhilfe von komplexen technischen Echtzeitprozessen), in

	1	2	3	4	5	6	7	8
1	SO SO	SO	SO SO	SA	SA		SA SA	
2	SO		SO		SA			
3		SO	FR		FR	SA	SA	SA
4	SO		FR	FR		FR	SA	
5		DO	FR FR	FR MI DO	FR		MI	DO
6		DO	DI	MI DI	DI DO	MI	DO MI	DO DI
7	MO	MO MO	DI	DO	MO	DI MI	MI	DI MO
8		MO	MI	MI DI		MO MO	DO	DI MO

Bild 7.8 Trainierte SOM, Verbrauchsdaten eines Stadtwerks, Januar–März

dem auch die dargestellte Arbeit integriert ist, werden am Beispiel des Elektroenergiesystems die Implementation und Integration solcher intelligenter Verfahren in die Leittechnik vorangetrieben. Dabei zeigen sich die wesentlichen Ergebnisse in der Online- und Offline-Analyse sowie der Visualisierung des Systems und seiner Zustände und der Lastprognose. Die entstehenden leistungsfähigen Informationssysteme bieten die reale Chance der breiten Überführung neuronaler Techniken in praktische Applikationen.

Kapitel 8
Die selbstorganisierende Karte in der Informatik: Software-Wiederverwendung

Unter dem Begriff Software-Wiederverwendung werden die technologischen und organisatorischen Rahmenbedingungen zusammengefaßt, die die Herstellung neuer Applikationen aus bereits bestehenden Software-Komponenten vereinfachen. Eine solche Vorgehensweise stellt einen großen Fortschritt gegenüber der völligen Neuentwicklung von Applikationen dar. Um jedoch diese Art der Software-Entwicklung in die Praxis umzusetzen, müssen zunächst die wiederverwendbaren Komponenten in sogenannten Software-Bibliotheken gefunden werden. Ein Ansatz zur Unterstützung dieser Aufgabe wird von D. Merkl von der Technischen Universität Wien eingesetzt. Im speziellen geht es um die Anwendung von selbstorganisierenden Karten zur Strukturierung von Software-Bibliotheken.

8.1 Software-Wiederverwendung, oder „Der Ziegel als Baustoff"

Im Mittelpunkt dieses Kapitels steht die erfolgreiche Anwendung der SOM für eine Problemstellung aus dem Bereich der Software-Wiederverwendung (software reuse). Gleich zu Beginn stellt sich daher die Frage, was unter *Wiederverwendung* verstanden werden soll. In einer ersten, noch groben Definition kann man festhalten, daß der Begriff *Wiederverwendung* einen Prozeß bezeichnet, in dem ein komplexes System aus bereits bestehenden Bauteilen oder Komponenten erzeugt wird. Ein stark idealisierter Blick auf die Kunst des Hausbaus verdeutlicht die Vorteile eines solchen Prozesses. So kann es als evident angesehen werden, daß der Hausbau durch die Verwendung von vorgefertigten Ziegeln in unterschiedlichen Größen deutlich an Effektivität gewonnen hat gegenüber dem Einsatz von unbehauenen Steinen als Baustoff. Eine weitere Steigerung der Effektivität erfuhr der Hausbau durch die Verwendung ganzer bereits vorgefertigter Bauteile bei den bezeichnenderweise als Fertigteilhäuser benannten Gebäuden.

Wenn man dieses zugegebenermaßen plakative Beispiel auf den Bereich der Software-Entwicklung umlegt, kann man Software-Wiederverwendung als jene Disziplin definieren, die sich mit der Erzeugung von Software-Systemen, basierend auf bereits vorhandenen Software-Komponenten, beschäftigt. Als Software-Komponenten (software components) werden dabei jegliche Teilprodukte bezeichnet, die während der Software-Entwicklung anfallen, wie beispielsweise Entwurfsentscheidungen, Dokumentationen, Unterprogramme oder auch ganze Programmsysteme. Einen guten Überblick über verschiedene Perspektiven der Software-Wiederverwendung bieten die Artikel von Kruger [75] und Prieto-Diaz [76]. Für einen umfassenden Einblick in die Problematik der Software-Wiederverwendung sind die beiden Bände von Biggerstaff und Perlis [77] sehr empfehlenswert.

Eine für die Praxis überaus wichtige Frage betrifft die zu erwartenden Vorteile, die sich aus der Wiederverwendung von Software-Komponenten ergeben. Die Vorteile lassen sich grob in zwei Klassen einteilen, wobei die erste den Faktor Zeit und die zweite den Faktor Verläßlichkeit betrifft. Wenden wir uns zunächst dem Faktor Zeit zu. Man kann im Regelfall erwarten, daß der Zeitbedarf zur Erstellung eines Software-Systems durch die Wiederverwendung von bereits bestehenden Software-Komponenten bedeutend reduziert wird. Eine Studie weist nach, daß etwa 60 % (!) des Codes von Anwendungen neu entwickelt werden, obwohl man sie hätte wiederverwenden können [78]. Wenn man bedenkt, wieviel Zeit neben der eigentlichen Kodierung noch für den Entwurf, die Fehlersuche und den Test dieser Komponenten aufgewendet werden muß, bekommt man eine Vorstellung von dem Potential, das in der Wiederverwendung von Software-Komponenten ruht. Gemäß dem Sprichwort „Zeit ist Geld" bekommt dieses Faktum noch zusätzliche Bedeutung.

Neben der Kostenintensität von Software-Neuentwicklung ist die Verringerung der Unsicherheit, mit der die Neuentwicklung von Komponenten regelmäßig verbunden ist, ein Argument zugunsten der Wiederverwendung bestehender und erprobter Komponenten. Dies läßt sich am besten über ein Beispiel verdeutlichen. So ist zu erwarten, daß eine Software-Komponente, die in mehreren Anwendungen zum Einsatz gelangt, einem umfangreicheren Test auf Korrektheit unterliegt als Komponenten, die bloß in einigen wenigen Applikationen Verwendung finden. Dadurch steigen nämlich die Chancen, daß etwaige Fehler entdeckt werden, wovon wiederum viele Anwendungen profitieren.

Zuletzt möchte ich im Rahmen dieser Aufzählung von Vorteilen auf ein weitaus weniger technisches Argument kurz eingehen, das sich allerdings auch auf den Faktor Zeit zurückführen läßt. So gibt es sicherlich für jedes Anwendungsgebiet eine relativ kleine Zahl von sogenannten Bereichsexperten, die von Projekt zu Projekt „weitergereicht" werden, um jeweils ihr Spezialwissen in die Software-Entwicklung einfließen zu lassen. Im Rahmen dieser Projekte werden sie dann immer wieder relativ ähnliche Probleme zu lösen haben. Demgegenüber wäre es aber auch denkbar und mit Sicherheit ökonomischer, daß diese Bereichsexperten ihr Spezialwissen in einer Reihe von Software-Komponenten kodieren, die dann wiederum mehreren Projekten zur Verfügung stehen und die somit zu einer Reduktion der Kosten beitragen. Spätestens an dieser Stelle wird der aufmerksame Leser feststellen, welchen Beitrag die objekt-orientierte Software-Entwicklung für die Software-Wiederverwendung leistet.

Damit jedoch überhaupt erst die Wiederverwendung von Software ermöglicht wird, müssen die wiederverwendbaren Komponenten den Entwicklern zur Verfügung gestellt werden. Dies geschieht in Analogie zu Bibliotheken, die Bücher einem weiten Leserkreis zugänglich machen, mit Hilfe sogenannter Software-Bibliotheken (software libraries). Damit kommen wir aber auch schon zu einer Problematik, die jeder, der bereits einmal eine Bibliothek benutzt hat, am eigenen Leib erfahren hat: Wie sollen die Bücher in einer Bibliothek angeordnet werden, so daß das Auffinden eines Buches möglichst erleichtert wird? Diese Problematik beschäftigte auch William von Baskerville und Malachias von Hildesheim in dem Buch *Der Name der Rose* von Umberto Eco:

> *„Aber sagt mir, nach welcher Reihenfolge sind die Bücher hier aufgeführt?" fragte William noch einmal. „Nach Sachgebieten doch offenbar nicht [...]."*
>
> *„Die Ursprünge dieser Bibliothek liegen in der Tiefe der Zeiten", sagte Malachias würdevoll, „und so sind die Bücher hier aufgeführt in der Reihenfolge ihres Erwerbs, ob durch Kauf oder Schenkung, das heißt nach dem Zeitpunkt ihres Einganges in unsere Mauern."*
>
> *„Schwer zu finden", bemerkte William.*

8.2 Konventionelle Ansätze zur Strukturierung von Software-Bibliotheken

Wie im vorigen Abschnitt bereits festgehalten wurde, sind Software-Bibliotheken für eine Umsetzung von Software-Wiederverwendung unbedingt notwendig. Solche Bibliotheken sollen einerseits eine große Anzahl wiederverwendbarer Komponenten für eine Reihe von Anwendungen umfassen, andererseits soll der Zugang zu den einzelnen Komponenten so einfach wie möglich gestaltet werden. Genauer gesagt, der Benutzer einer Software-Bibliothek soll möglichst gezielt auf jene Komponenten verwiesen werden, die den aktuellen Anforderungen seiner Anwendung am besten entsprechen. Um diese Zielsetzung zu erreichen, muß die Software-Bibliothek sicherlich nach anderen Kriterien strukturiert sein als beispielsweise dem Erstellungsdatum oder dem Autor einer Komponente. Die Struktur der Bibliothek soll viel eher den funktionalen Ähnlichkeiten der Komponenten entsprechen, das heißt, Komponenten, die ähnliche Ergebnisse produzieren, sollen identifizierbar sein. Jedenfalls gilt folgende Faustregel für die Sinnhaftigkeit des Einsatzes von Software-Bibliotheken: Die Zeit, die ein Benutzer braucht, um erstens nach einer wiederverwendbaren Komponente zu suchen, zweitens diese Komponente zu verstehen, und drittens diese Komponente in seine Anwendung einzubauen, muß geringer sein als die Zeit, die zur kompletten Neuentwicklung einer entsprechenden Komponente benötigt würde.

Die Ansätze aus der Literatur zur Strukturierung von Software-Bibliotheken lassen sich grob in zwei Klassen einteilen. Einerseits finden statistische Verfahren wie die Cluster-Analyse Verwendung, andererseits werden Ansätze aus der künstlichen Intelligenz präsentiert. In diesem Abschnitt soll kurz auf typische Repräsentanten beider Klassen eingegangen werden.

Bevor man nun tatsächlich auf statistische Verfahren zur Strukturierung von Software-Bibliotheken eingehen kann, muß man zunächst einmal ein wenig weiter ausholen und grundsätzlich die Problematik der Beschreibung von Software-Komponenten darstellen. Dabei ist wieder das Beispiel der klassischen Bibliothek sehr hilfreich, wo für jedes Buch eine Reihe von sogenannten Schlagwörtern ausgewählt wird, die den Inhalt des Buches möglichst genau wiedergeben sollen. Mit Hilfe dieser Schlagwörter kann dann in weiterer Folge auch nach den entsprechenden Büchern gesucht werden. In der Regel werden solche Schlagwörter aus standardisierten Katalogen von Bibliothekaren ausgewählt; das ist ein sehr zeitraubender, weil manueller Prozeß. In jüngerer Zeit wird versucht, diesen Prozeß der Vergabe von Schlagwörtern möglichst zu automatisieren. Dabei werden die Schlagwörter direkt aus den Texten extrahiert. Einen solchen Vorgang bezeichnet man als automatische Indexierung eines Textes. Die Menge der extrahierten Schlagwörter selbst nennt man den Index einer Dokumentensammlung. Eine gute Einführung in diese Thematik bietet das Buch von Salton und McGill [79].

Nun findet man auch im Bereich von Software-Komponenten eine ganze Reihe textueller Informationen, die die jeweilige Komponente beschreiben. Als Beispiel verweise ich auf Kommentare innerhalb des Quellcodes, aber auch auf Manuals oder Handbücher. Diese textuelle Information kann nun im Prinzip mit dem gleichen Instrumentarium, das zur Verwaltung von Büchern oder Artikeln geschaffen wurde, verarbeitet werden. Zwei prominente Vertreter dieses Ansatzes, das CA/-TA/-LOG-System von Frakes und Nejmeh [80] sowie das GURU-System von Maarek [81], sollen nun vorgestellt werden. Beide Systeme erzeugen die Beschreibung der Software-Komponenten automatisch, basierend auf textueller Information über die Komponenten. Dabei verwendet das CATALOG-System Kommentare im Quellcode als Informationsquelle und das GURU-System die Information aus dem Manual der Software. Zentrale Bestandteile jeglicher Systeme zur automatischen Indexierung sind sogenannte Stopwort-Listen, die eine Reihe von Wörtern beinhalten, die zwar möglicherweise aus der textuellen Information extrahiert werden können, die aber ohne Bedeutung für die Beschreibung der Komponente sind und die folglich auch nicht in den Index übernommen werden sollen. Einfache Beispiele für Stopwörter sind Artikel oder Pronomen, komplexere Beispiele wären Wörter, die insgesamt in Texten über ein Themengebiet dermaßen häufig vorkommen, daß sie nicht mehr zur Unterscheidung zwischen Texten beitragen können wie beispielsweise das Wort 'Gewicht' in der Literatur über neuronale Netze oder auch das Wort 'Objekt' in der Beschreibung von Software-Komponenten. Daran sieht man aber auch schon, daß eine Definition von Stopwörtern (zumindest zum Teil) manuell erfolgen muß und daher einen relativ zeitraubenden Vorgang darstellt. Weiterhin sind die Stopwort-Listen für unterschiedliche Themengebiete notwendigerweise verschieden und müssen daher für jedes neue Themengebiet neu erstellt werden. Zusammenfassend kann man also feststellen, daß die Beschreibung von Software-Komponenten sowohl im CATALOG- als auch im GURU-System aus einer um Stopwörter bereinigten Liste von Schlagwörtern besteht, die automatisch aus textuellen Informationen über die Komponenten extrahiert wurden. Die Autoren des GURU-Systems gehen nun noch einen Schritt weiter, indem sie, basierend auf dieser Software-Beschreibung und mit Hilfe von statistischen Verfahren aus der Cluster-Analyse, Gruppen von ähnlichen Komponenten bestimmen. Genauer gesagt, gelten zwei Komponenten dann als ähnlich, wenn ihre Beschreibungen aus einer Vielzahl von gleichen Schlagwörtern bestehen.

Die Suche nach Software-Komponenten basiert in solchen Systemen wie den beiden oben beschriebenen auf einem Vergleich von Schlagwörtern, die vom Benutzer der Software-Bibliothek zur Beschreibung der benötigten Komponente spezifiziert werden, mit jenen, die die gespeicherten, wiederverwendbaren Komponenten repräsentieren. Problematisch wird der Umgang mit solchen Systemen dann, wenn der Vergleich der Schlagwörter keine zufriedenstellenden Ergebnisse liefert, das heißt, wenn keine der gespeicherten Komponenten als ähnlich zur Abfrage erkannt werden. Jeder, der schon einmal in den Schlagwortkatalogen einer klassischen Bibliothek nach einem Buch gesucht hat, kennt diesen Fall aus eigener leidvoller Erfahrung.

Genau für diesen oben beschriebenen Fall stellen Systeme, die auf Ansätzen der künstlichen Intelligenz beruhen, eine Abhilfe dar. Grob gesprochen basieren diese Systeme auf einem Modell der Realität, in unserem Anwendungsgebiet also auf einem Modell für die Ähnlichkeit von Software-Komponenten. Ein solches Modell wird in der Regel mit semantischen Netzen oder sogenannten Frames beschrieben. Um wiederum zwei prominente Vertreter anzuführen, sei auf die Arbeiten von Ostertag [82] und von Devanbu [83] verwiesen. In solchen Systemen wird jedoch die höhere Flexibilität bei der Beantwortung von Abfragen erkauft um den Preis eines nur noch manuell und somit äußerst zeitaufwendig erstellbaren Modells der Realität. Mehr noch, für jede Veränderung der Realität, also für jedes Hinzufügen von Software-Komponenten in die Bibliothek, muß das Modell wiederum manuell adaptiert werden. Das ist ein Preis, der für große, bereits bestehende Bibliotheken nur schwer gerechtfertigt erscheint.

8.3 Einsatz der selbstorganisierenden Karte zur Strukturierung von Software-Bibliotheken

Wenn man das im vorigen Abschnitt Gesagte zusammenfaßt, kann man die vorgestellten Ansätze gleichsam als Antipoden bezeichnen, da sich deren Hauptvorteil und Hauptnachteil als invers darstellen. Auf der einen Seite befinden sich die statistisch orientierten Verfahren mit einer hochgradig automatisierbaren Erzeugung der Software-Beschreibung auf Kosten von gewissen Problemen bei der Abfragebehandlung. Auf der anderen Seite findet man die wissensbasierten Ansätze, deren Stärke in ihrer Flexibilität bei der Abfragebehandlung liegt, jedoch auf Kosten der Automatisierbarkeit. Gleichsam als Brücke zwischen diesen beiden Ansätzen präsentiert sich die Lösung der Strukturierung von Software-Bibliotheken mit Hilfe von selbstorganisierenden Karten. Dieser Ansatz gewährleistet eine Kombination aus Automatisierbarkeit bei der Erzeugung der Software-Beschreibung und Flexibilität bei der Abfragebehandlung. Die Software-Beschreibung wird dabei ähnlich wie im oben vorgestellten GURU-System automatisch aus der im Manual enthaltenen textuellen Information extrahiert. Während dieser automatischen Indexierung werden allerdings nur die Artikel und Pronomen als Stopwörter verwendet, es kommen also keine umfangreichen, aufwendig zu erstellenden Stopwort-Listen zum Einsatz. Als Folge davon wird für jede Software-Komponente ein relativ umfangreicher Index zur Beschreibung erzeugt. Diesen Index kann man in weiterer Folge als Eingabe während des Trainingsprozesses der selbstorganisierenden Karten benutzen. Das Ziel des Einsatzes von selbstorganisierenden Karten ist nun die Herausbildung und Präsentation von Gruppen ähnlicher Software-Komponenten, also Software-Komponenten, die eine ähnliche Beschreibung aufweisen.

Zur Veranschaulichung der automatischen Indexierung einerseits und des Aufbaus der Eingabevektoren für die selbstorganisierenden Karten andererseits betrachten wir folgendes einfache Beispiel. Angenommen, unsere Software-Bibliothek umfaßt (unter anderem) die beiden Komponenten copy und del. Mit Hilfe einer automatischen Indexierung wurden aus der Beschreibung dieser Komponenten folgende Schlüsselwörter extrahiert, die als Index die Komponenten repräsentieren: copy={Anfügen, Datei, Kopieren}, del={Datei, Löschen}. Die dahinterstehenden textuellen Beschreibungen der beiden Komponenten könnten also folgendermaßen lauten:

Antwortkarte

Friedr. Vieweg & Sohn
Verlagsgesellschaft mbH
Postfach 15 46

D-65005 Wiesbaden

Gleichzeitig bestelle ich zur Lieferung über meine Buchhandlung:

Anzahl	Autor und Titel	Ladenpreis

Datum und Unterschrift

Sehr geehrte Leserin, sehr geehrter Leser,

diese Karte entnahmen Sie einem Vieweg-Buch. Als Verlag mit einem internationalen Buch- und Zeitschriftenprogramm informiert Sie der Verlag Vieweg regelmäßig über wichtige Veröffentlichungen auf den Sie interessierenden Gebieten.

Deshalb bitten wir Sie, uns diese Karte ausgefüllt und ausreichend frankiert zurückzusenden.

Wir speichern Ihre Daten und halten das Bundesdatenschutzgesetz ein.

Wenn Sie Anregungen und Kritik haben, schreiben Sie uns bitte an nebenstehende Adresse.

Wir möchten uns an dieser Stelle für Ihr Interesse an unserem Verlagsprogramm bedanken und verbleiben

mit freundlichen Grüßen

Ihr Verlag Vieweg

.../ Herr

**BITTE MIT SCHREIBMASCHINE
ODER IN DRUCKSCHRIFT
AUSFÜLLEN! DANKE.**

_____

_____

_____

bin: an der: Codierung:

Dozent/in   ☐ Uni/TH
Lehrer/in   ☐ FH/TH
Referendar/in   ☐ Berufsschule
Student/in   ☐ FS Technik
Schüler/in   ☐ Gymnasium
Praktiker/in   ☐ Bibl./Inst.
Bibliothekar/in   ☐ Sonst.

Mein Fachgebiet:

Ich erhalte bereits regelmäßig Informationen, möchte mich jedoch
über weitere Fachgebiete informieren
Bitte informieren Sie mich über Ihre Neuerscheinungen auf dem
Gebiet:

(10) Mathematik (H5)	(29) Umwelt (H2)
(11) Mathematik-Didaktik (H5)	(21) Maschinenbau (H6)
(12) Informatik (H55)	(23) Mechanik (H6)
(60) Computerliteratur/Software (H56)	(24) Werkstoffkunde (H6)
(13) Physik (H7)	(25) Metalltechnik (H6)
(14) Chemie (H2)	(26) Kfz-Technik (H6)
(15) Biowissenschaften/Medizin (H2)	(30) Architektur (H9)
(16) Geologie/Geophysik (H7)	(31) Bauwesen (H4)
(17) Astronomie (H7)	(32) Philosophie/Wissenschaftstheorie (H7)
(20) Elektrotechnik/Elektronik (H6)	

**Beachten Sie bitte die Rückseite
dieser Anforderungskarte!**

vieweg

	Anfügen	Datei	Kopieren	Löschen
copy	1	1	1	0
del	0	1	0	1

Tabelle 8.1 Eine einfache Zuordnungsmatrix

„Die Komponente copy *dient zum Kopieren beziehungsweise Anfügen von Dateien."*

„Die Komponente del *dient zum Löschen von Dateien."*

Somit erhält man als Index für diese beiden Komponenten die Schlüsselwörter 'Anfügen', 'Datei', 'Kopieren' und 'Löschen' und kann die Zuordnung von Schlüsselwörtern zu Software-Komponenten in Form einer Zuordnungsmatrix darstellen, wie sie in Tabelle 8.1 abgebildet ist. Dabei hat ein Matrixeintrag genau dann den Wert 1, wenn das entsprechende Schlüsselwort in der textuellen Beschreibung der Komponente vorkommt, ansonsten hat der Matrixeintrag den Wert 0. Eine Software-Beschreibung in Form der einzelnen Zeilenvektoren dieser Zuordnungsmatrix kann bequem als Eingabedaten während des Trainingsprozesses der selbstorganisierenden Karte herangezogen werden.

An dieser Stelle sollte man sicherlich einige Worte darüber verlieren, warum der Einsatz der selbstorganisierenden Karte für eine Problemstellung wie eben der Strukturierung von Software-Bibliotheken geeignet erscheint. Die zu erwartenden Vorteile lassen sich grob in drei Klassen einteilen. Zunächst zeichnen sich neuronale Netze generell durch eine gewisse Robustheit im Umgang mit unvollständigen oder ungenauen Eingabedaten aus. Mit anderen Worten kann man beim Einsatz von neuronalen Netzen damit rechnen, daß diese auch für unvollständige Eingabedaten brauchbare Ausgaben erzeugen. Diese Eigenschaft neuronaler Netze ist speziell für die Suche nach gespeicherten Software-Komponenten von Relevanz, da ja die Suchanfrage eines Benutzers als unvollständige Beschreibung von möglicherweise vorhandenen Komponenten interpretiert werden kann. Der Grund, warum Suchanfragen in der Regel unvollständig sind, liegt darin, daß der Benutzer zumeist nur eine vage Vorstellung davon hat, wie die gewünschte Komponente spezifiziert werden kann, und nur eine ungenaue Vorstellung darüber hat, welche Komponenten überhaupt in der Bibliothek vorhanden sind. Zur Veranschaulichung kann man wieder einmal das Beispiel der klassischen Bibliothek heranziehen,

119

wo der potentielle Leser zwar eine gewisse Ahnung davon hat, was im gesuchten Buch stehen soll, jedoch in der Regel das Wissen darüber fehlt, mit welchen Schlagwörtern er dieses Buch beschreiben soll, beziehungsweise ob ein entsprechendes Buch überhaupt vorhanden ist.

Als weiterer Vorteil läßt sich die Tatsache anführen, daß neuronale Netze Assoziativspeicher darstellen, die fähig sind, den Namen einer Software-Komponente als Ergebnis zu liefern, wenn sie mit der Beschreibung der gesuchten Komponente konfrontiert werden.

Der dritte Vorteil der Anwendung von neuronalen Netzen für eine derartige Problemstellung liegt sicherlich in deren Fähigkeit zu generalisieren. Im Rahmen der Software-Wiederverwendung bezeichnet das die Fähigkeit, während des Lernprozesses relevante Teile der Software-Beschreibung zu identifizieren. Dadurch gelingt es, die Software-Komponenten entsprechend zu gruppieren.

Speziell für die selbstorganisierende Karte kommt noch deren Fähigkeit hinzu, die Eingabedaten in ihrer zweidimensionalen Ausgabeschicht derart anzuordnen, daß die Zusammenhänge für den Anwender offensichtlich werden. Anders gesagt, man kann erwarten, daß die selbstorganisierende Karte die Software-Komponenten in einer Form anordnen wird, so daß benachbarte Komponenten eine inhaltliche Nachbarschaftsbeziehung zueinander aufweisen. Mehr noch, es wird auch die Nachbarschaftsbeziehung zwischen Gruppen von Komponenten durch deren Distanz in der Ausgabeschicht visualisiert. Dadurch wird die selbstorganisierende Karte auch als eine neuartige Form der Benutzerschnittstelle für Software-Bibliotheken interessant, wo dem Benutzer gleichsam eine Landkarte der gespeicherten Software-Komponenten präsentiert wird.

8.4   Landkarten für Software-Komponenten

Im vorigen Abschnitt wurde kurz ein neuer Ansatz zur Strukturierung von Software-Bibliotheken erläutert. Als knappe Zusammenfassung kann man festhalten, daß dieser Ansatz auf einer automatischen Indexierung der textuellen Beschreibung von Software-Komponenten basiert. Diese Indizes kann man in weiterer Folge als Eingabedaten für das Training selbstorganisierender Karten heranziehen. Von diesem Ansatz kann man sich einerseits erhoffen, daß die Anordnung der Software-Komponenten deren inhaltliche Nachbarschaftsbeziehung widerspiegelt, und anderer-

```
more     .  format   .  diskcopy  .  time    .    .   mem
         .  chkdsk   .  diskcomp  .       date    .    .
     mirror  .  assign   .  unformat  .    .    .  type
recover  .     .     .       undelete  .    .    .    .
     .     .  mkdir    .     del    .    find   .   fc
ren      .  rmdir    .     .     .     .    .    .  comp
     .     .     .     .  copy   .  append  path  .
attrib   .  cls     .  restore  .  xcopy  replace  .  tree
     .     .     .     .     .     .     .    .    .    .
edit     .  edlin    .  backup   .  dir   chdir   .  join
```

Bild 8.1 Eine Landkarte für Betriebssystembefehle

seits, daß die selbstorganisierende Karte auch bei ungenauem Abfragen zufriedenstellende Ergebnisse liefert. Zur Veranschaulichung des Ansatzes soll in diesem Abschnitt auf zwei Testbeispiele mit unterschiedlichen Software-Bibliotheken näher eingegangen werden.

8.4.1 Beispiel 1: Betriebssystemsbefehle von DOS

Im ersten Beispiel stellen wir eine weitere Variation eines beliebten Tests für die Strukturierung von Software-Bibliotheken vor. Für den Test stellen eine Reihe von Betriebssystembefehlen die Software-Komponenten dar; in unserem Fall die Befehle des Betriebssystems MS-DOS. Doch zunächst, warum verwendet man so gerne Betriebssystembefehle als Beispiel für eine Software-Bibliothek? Die Antwort auf diese Frage ist äußerst simpel. Zunächst sind Betriebssystembefehle für jeden Benutzer eines Computers einfach zugängliche Software-Komponenten, die obendrein auch noch (mehr oder weniger sorgfältig) im Manual des entsprechenden Betriebssystems beschrieben sind. Diese Manuals sind auch gute Beispiele für „real-world" Software-Dokumentationen. Darüberhinaus ist zumindest ein Teil der Beschreibung in maschinenlesbarer Form vorhanden und daher einer automatischen Indexierung einfach zugänglich. Zuletzt sind derartige Beispiele auch deshalb interessant, weil das Ergebnis der Strukturierung der Software-Bibliothek sofort intuitiv überprüft werden kann, da man ja schließlich die Funktion der einzelnen Befehle aus der täglichen Arbeit genau kennt.

Ein typisches Ergebnis dieser Anwendung ist in Bild 8.1 dargestellt; die Anordnung von 36 MS-DOS Befehlen mit Hilfe der SOM.

An diesem Ergebnis fällt sofort in der Mitte oben die Ansammlung von Befehlen auf, die alle den Umgang mit Speichermedien ermöglichen. Es sind dies die MS-DOS Befehle `chkdsk`, `format`, `diskcopy`, `diskcomp` und `unformat`. Innerhalb dieser Gruppe wurden die beiden Befehle `diskcopy` und `diskcomp` auf benachbarte Neuronen abgebildet, was intuitiv als sinnvoll angesehen werden kann. Desweiteren kann man feststellen, daß die selbstorganisierende Karte jeweils komplementäre Befehle, also Paare von Befehlen, die den jeweils anderen in gewisser Weise aufheben, auf benachbarte Neuronen des Netzes abbildet. Als Beispiele sei nur auf die Befehle `del` und `undelete` beziehungsweise `backup` und `restore` verwiesen.

Wie geht nun aber die selbstorganisierende Karte mit ungenauen Abfragen um? Nehmen wir als Beispiel die Suche nach einer Komponente mit folgender Beschreibung: {Datei, Diskette, Inhalt, Löschen, Verzeichnis}. In vollem Wortlaut könnte eine solche Abfrage etwa folgendes Aussehen haben:

> *„Ich suche eine Komponente, die den Inhalt von Dateien, Verzeichnissen und Disketten löscht. "*

Jeder, der schon einmal mit MS-DOS gearbeitet hat, weiß, daß es einen solchen universellen Löschbefehl in diesem Betriebssystem nicht gibt. Das gewünschte Ergebnis kann man nur durch das hintereinander Ausführen der Befehle `del` und `rmdir` erreichen. Mit anderen Worten, es gibt keine gespeicherte Komponente, auf die diese Beschreibung zutreffen würde. Präsentiert man die Abfrage der trainierten selbstorganisierenden Karte aber dennoch, so wird in unserem Beispiel genau das Neuron zwischen den Befehlen `del` und `mkdir` am stärksten aktiviert. Wir befinden uns also bereits in unmittelbarer Nähe einer der beiden gesuchten Komponenten. Die andere liegt ebenfalls in der Nachbarschaft.

Gänzlich anders jedoch präsentiert sich dieselbe Abfrage in einer Software-Bibliothek, die ähnlich wie das GURU-System auf dem rein statistischen Verfahren der Cluster-Analyse basiert. Wenn man in einem solchen System die vier als am ähnlichsten zur Abfrage klassifizierten Komponenten ausgeben läßt, erhält man das in Tabelle 8.2 dargestellte Ergebnis. Um einen Vergleich zum entsprechenden Ergebnis der selbstorganisierenden Karte zu bekommen, werden in dieser Tabelle auch hier die vier am ähnlichsten zur Abfrage klassifizierten Komponenten angegeben. Die Distanz zwischen der Abfrage und den Gewichtsvektoren jener Neuronen, die Software-Komponenten darstellen, dient als Maß für die

Selbstorganisierende Karte Karte	Cluster-Analyse
del, rmdir, undelete, mkdir	diskcopy, diskcomp, chkdsk, format

Tabelle 8.2 Vergleich zweier Abfrageergebnisse

Ähnlichkeit.
Auf den ersten Blick erkennt man bereits die Schwierigkeiten, die Software-Bibliotheken, basierend auf statistischen Verfahren, mit solchen ungenauen Abfragen haben. Demgegenüber liefert die selbstorganisierende Karte die beiden gesuchten Komponenten als Ergebnis der Abfrage. Zur Ehrenrettung der statistischen Verfahren muß man an dieser Stelle aber sagen, daß nicht alle Abfragen derart verheerende Ergebnisse produzieren. Das Beispiel ist bewußt so gewählt, um die Vorzüge der selbstorganisierenden Karte zu unterstreichen. Man kann aber festhalten, daß meine bisherigen Tests noch keine Fälle aufgezeigt haben, in denen die selbstorganisierende Karte schlechtere Ergebnisse als konventionelle statistische Verfahren lieferte. Eine detailliertere Darstellung solcher Tests findet der interessierte Leser zum Beispiel in [84].

8.4.2   Beispiel 2: C++ Klassenbibliothek

Im zweiten Beispiel soll nun eine Software-Bibliothek verwendet werden, die aus einer Reihe von objekt-orientierten Klassen besteht, die in der C++ Programmiersprache entwickelt wurden. Im speziellen ist es die sogenannte NIH-Klassenbibliothek, die vom US-amerikanischen 'National Institute of Health' zur Verfügung gestellt wird. Diese Klassenbibliothek umfaßt die Implementation von Basisdatentypen wie Float oder Time, eine Reihe von Datenstrukturen wie beispielsweise Stack oder Dictionary sowie eine Menge von Klassen, die Datei-Ein- und -Ausgabe-Operationen implementieren wie ReadFromTbl oder OIOostream. Wenn Sie jetzt vor dem Problem stehen, daß Sie nicht genau wissen, was beispielsweise die Klasse OIOostream macht [85], so ist das ziemlich exakt jenes Problem, dem sich Benutzer von Software-Bibliotheken konfrontiert sehen; ein Problem, das mit Hilfe der selbstorganisierenden Karte

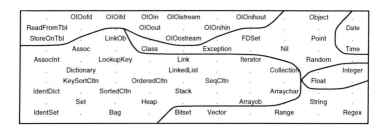

Bild 8.2 Eine Landkarte der NIH-Klassenbibliothek

gemildert werden soll.

Die Beschreibung der einzelnen Klassen der NIH-Klassenbibliothek wurde wiederum automatisch aus der textuellen Information des Manuals erstellt. Mit dieser Beschreibung wurde dann eine selbstorganisierende Karte trainiert. Ein typisches Trainingsergebnis wird in Bild 8.2 gezeigt.

Im Bild sind vier Gruppen von Klassen manuell markiert, um das Auffinden der entsprechenden Regionen zu erleichtern. Beginnen wir mit der Beschreibung des Ergebnisses mit dem markierten Bereich im linken oberen Teil der Karte. Diese Region umfaßt alle Klassen, die Datei-Eingabe- und -Ausgabe-Operationen realisieren. Innerhalb dieser Gruppe sind die jeweils entsprechenden Eingabe- und Ausgabe-Operationen benachbarten Neuronen zugeordnet wie beispielsweise `OIOifd` und `OIOofd`. An dieser Stelle sollte man auf eine Besonderheit der Klassennamen in der NIH-Klassenbibliothek hinweisen, wo (fast) alle Klassen für die Datei-Eingabe und -Ausgabe beginnend mit 'OIO' bezeichnet werden. Das unmittelbar nachfolgende 'i' beziehungsweise 'o' bezeichnet dann jeweils eine Klasse für die Eingabe (input) oder Ausgabe (output). Die einzige Ausnahme von dieser Namenskonvention stellen die beiden Klassen `ReadFromTbl` als Basisklasse der Eingabe-Operationen und `StoreOnTbl` als Basisklasse der Ausgabe-Operationen dar.

Der weitaus größte Bereich der selbstorganisierenden Karte beinhaltet die Klassen für die Implementation von Datenstrukturen. Dieser Bereich befindet sich im linken unteren Teil der Karte. Interessanterweise (und bei näherer Betrachtung sogar naheliegenderweise) wurden dabei alle Datenstrukturen, die einen Zugriff auf ihre Elemente über ein Schlüsselattribut erlauben, in räumlicher Nähe zueinander angeordnet. Im Detail sind dies die Klassen `Dictionary`, `IdentDict` sowie `KeySortCltn`. Ferner befinden sich in unmittelbarer Nähe zu diesen Datenstrukturen auch jene Klassen, die exakt diesen Zugriff über ein Schlüsselattribut implementieren. Es sind dies die Klassen `Assoc`, `AssocInt` und `LookupKey`. Die beiden restlichen markierten Bereiche auf der rechten Seite der Karte umfassen Klassen, die jeweils Basisdatentypen realisieren, nämlich `Float` und `Integer` beziehungsweise `Date` und `Time`. Zuletzt möchte ich noch auf die Anordnung der Klasse `Random` in der Nähe der Klasse `Float` hinweisen. Wie man leicht aus der Namensgebung der Klassen erraten kann, produziert die Klasse `Random` (pseudo-) Zufallszahlen vom Datentyp `Float`. Für eine umfangreichere Darstellung dieser Anwendung und insbesondere für einen Vergleich mit konventionellen Verfahren verweise ich auf [86].

Aus dieser kurzen Beschreibung des erzielten Ergebnisses sollte bereits deutlich geworden sein, wie sehr die Anwendung der selbstorganisierenden Karten die Einarbeitungszeit in eine neue Klassenbibliothek vereinfachen kann. Der Benutzer bekommt durch das Ergebnis des Trainingsprozesses eine Art Landkarte über die Zusammenhänge der einzelnen Software-Komponenten in die Hand, die sehr viel ungezieltes Blättern in Software-Manuals überflüssig machen sollte.

Kapitel 9
Die selbstorganisierende Karte im Sport: Bewegungsanalyse

Sei es nun zur Leistungsverbesserung oder als Verletzungsprophylaxe, die Bewegungsanalyse spielt in der Sportwissenschaft eine zentrale Rolle. Dabei gilt es komplexe, physikalische Zusammenhänge zu quantifizieren. Die SOM kann dabei ebenfalls sehr hilfreich sein. Von L. Eimert, einer Doktorandin am Institut für Sportwissenschaft der Universität Tübingen, und der Autorin wurde die SOM zur Bewegungsanalyse von Kugelstoßbewegungen eingesetzt.

9.1 Ziele und Inhalte der Bewegungsanalyse im Sport

Bewegungsanalyse - sie ist ein Bestandteil der Bewegungslehre - ist ein Sammelbegriff für Verfahren zur Erforschung und Beschreibung von Bewegungsphänomenen unter verschiedenen Aspekten. In der Bewegungslehre des Sports wird die Bewegungsanalyse vor allem als Analyse von zielgerichteten Bewegungen durchgeführt. Dabei werden jeweils unterschiedliche Interessen verfolgt: Inhaltsanalysen sind bemüht, den Bewegungsablauf möglichst vollständig und genau zu erfassen. Struktur- und Funktionsanalysen gliedern eine Bewegung in Teile und suchen nach teilverbindenden Verknüpfungen. Optimierungsanalysen werden dagegen durchgeführt, um die optimale Bewegung bzw. deren leistungsspezifischen Merkmale aufzufinden.

Bewegungsanalysen werden mit unterschiedlichen wissenschaftlichen Ansätzen und Verfahren durchgeführt. In der Biomechanik des Sports, einem Teilgebiet der Bewegungslehre, welches sich auf Erkenntnisse der Mechanik stützt, ist die Optimierungsanalyse für einzelne sportmotorische Techniken sehr weit entwickelt. In ihr wird modelltheoretisch und empirisch-analytisch gearbeitet. In der funktionalen Bewegungsanalyse wird ebenfalls mit quantitativen, vor allem aber mit qualitativen Verfahren gearbeitet. Die Bewegungslehre und somit auch die Bewegungsanalyse sind Teildisziplinen der Sportwissenschaft, die besonders anwendungsorientiert sind, d.h. die erreichten Ergebnisse werden aus der Sportpraxis ermittelt und anschließend wieder in ihr umgesetzt und angewendet. Dabei sollen für die Sportpraxis bedeutsame Fragen beantwortet werden wie:

- Welches ist die erfolgreichste Bewegung zur Lösung einer vorgegebenen Bewegungsaufgabe?

- Auf welche Aspekte ist bei der Vermittlung von Bewegungen zu achten?

- Gibt es für alle Sportler nur eine optimale Bewegungstechnik, gleich welche technischen und körperlichen Voraussetzungen der Sportler hat?

Der Gegenstand der Bewegungslehre des Sports scheint dabei zunächst klar umrissen zu sein. Konkret kann man sagen: Die Bewegungslehre beschäftigt sich mit all denjenigen Bewegungsvorgängen, die mehr oder weniger offenkundig auf das erfolgreiche Lösen von im Sport gestellten Bewegungsaufgaben gerichtet sind. Eine schon sehr umfassend untersuchte Bewegungstechnik ist die Rückenstoßtechnik im Kugelstoßen, welche von den weltbesten Athleten fast ausschließlich eingesetzt wird (Bild 9.1 aus [87]).

Es handelt sich dabei um eine sogenannte Zweckbewegung bzw. Zweckbewegungstechnik, d.h. alle Teile der Technik haben nur den einen Zweck: die Stoßweite zu verbessern. Bislang vorrangig verwendet wurden zur Bestimmung der für die Verbesserung der Stoßweite nötigen Bewegungsmerkmale statistische Verfahren wie z.B. Korrelationsmaße, Regressionsrechnung, Varianz- und Faktorenanalyse.

9.2 Verfahren zur Datenanalyse in der Bewegungslehre

Die Erforschung der sportlichen Zweckbewegungstechniken unter dem Aspekt der Optimierung der Technik ist wesentlich durch die Biomechanik des Sports geprägt. In einigen biomechanischen Konzepten [87]

Bild 9.1 Bewegungsablauf der Rückenstoßtechnik beim Kugelstoßen

geht man von einer einzelnen sportlichen Bewegungsaufgabe aus (z.b. eine Kugel unter Beachtung bestimmter Regelvorgaben möglichst weit zu stoßen) und untersucht die gleichartigen Lösungsklassen, d.h. die verwendeten Techniken, um über systematischen Vergleich die besseren Bewegungen zu ermitteln. Dabei werden in [87] biomechanische Beschreibungsmerkmale als biomechanische Einflußgrößen identifiziert und in ihrer Hierarchie zu anderen Merkmalen bestimmt. Biomechanische Beschreibungsmerkmale einer Bewegung sind dabei solche, die quantitativ erfaßt werden können und in ihrer Erfassung unabhängig vom Beobachter/Untersucher sind. Für die Bestimmung der besseren Bewegung ist es von Bedeutung, den Einfluß der erfaßten Merkmale auf das Bewegungsziel zu ermitteln (Bild 9.2 aus [87]).

In einigen biomechanischen Verfahren, den mechanisch-deterministischen Modellen (z.b. [88]), wird versucht, den Zusammenhang zwischen Zielgröße und Merkmal mittels einer mathematischen Funktionsbeschreibung, also einer Bewegungsgleichung, darzustellen, z.b. die auftretenden Kräfte beim Rodeln (Bild 9.3 aus [88]).

Wegen der Komplexität der sportlichen Bewegungen gelang es bislang nur in wenigen Bewegungsgleichungen, die Funktionsbeschreibung zwi-

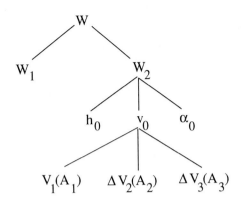

W	Kugelstoßweite	α_0	Abflugwinkel
W_1	Abflugpositionsweite	$V_1(A_1)$	Startgeschwindigkeit
W_2	Kugelflugweite		der Kugel am Ende von A_1
h_0	Abflughöhe	$\Delta V_2(A_2)$	Änderung der Kugelge-
v_0	Abfluggeschwindigkeit	$\Delta V_3(A_3)$	schwindigkeit in A_2, A_3

Bild 9.2 Biomechanik des Kugelstoßens

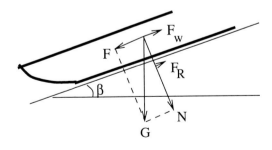

Bild 9.3 Kräfte in der Bewegungsebene beim Rodeln

schen Merkmal und Zielgröße herzustellen. Ein Verfahren, welches sich auch auf äußere Mechanik der Bewegung stützt, ist die sogenannte Konfirmative Bewegungsanalyse (KBA). Sie versucht, sich dabei folgenden Aspekt zu Nutzen zu machen: Der Sport zeigt, daß bei mehrfachen Bewegungsausführungen mit identischer Bewegungsaufgabe die erbrachte Leistung bei ein und demselben Sportler mehr oder weniger stark variiert. Die KBA nutzt diese Leistungsvariation, um das Zustandekommen der besseren Leistung zu erklären. Sie beschränkt sich dabei auf die Peripherie des Bewegers und damit auf die äußere Mechanik.

Aus kinematographisch festgehaltenen Bewegungsabläufe werden die für die Analyse notwendigen empirischen Daten relativ präzise gemessen. Zentrales Merkmal der KBA ist die (vorab zu erledigende) theoretische Reflexion der Bewegung; es ist ein Modell mit hypothetischen Zusammenhängen zwischen Einflußfaktoren und Bewegungsleistung zu bilden. Die Zusammenhänge werden nicht explorativ gesucht, sondern vorhandenes Wissen und theoretische Vorüberlegungen werden als Grundlage für das Aufstellen der Hypothesen über Zusammenhänge verwendet. Diese Hypothesen werden im Rahmen einer empirischen Überprüfung des Bewegungsmodells bestätigt bzw. verworfen. Diese Modellüberprüfung erfolgt unter der Verwendung des statistischen Verfahrens der (linearen) Strukturgleichungsmodelle (LISREL-Methode). Über Modellanpassungsgütekriterien erhält man Information darüber, wie gut das Modell zu den Daten paßt. Strukturpfadkoeffizienten geben Auskunft über die Einflußhöhe der leistungsrelevanten Faktoren. Wenn die Überprüfung zeigt, daß Modell und Daten gut übereinstimmen, dann können die einzelnen Modellparameter im Hinblick auf die Bewegung interpretiert werden. In [89] wird dieses Verfahren beispielsweise im Hinblick auf die Leistungsanalyse des Medizinballweitwurfs eingesetzt.

Diese quantitative Vorgehensweise ist mit hohem technischen Aufwand verbunden. Auch bereitet die Komplexität mancher Bewegungen bzw. der Situationen, in denen sie eingesetzt werden, häufig große Schwierigkeit in der Datenaufnahme. Insbesondere im Lehr- und Lernprozeß ist es daher eher üblich, Bewegungssollwerte über qualitative Merkmale zu erfassen bzw. darzustellen. Dazu werden aus realen Bewegungsabläufen, die zu sehr guten Leistungen geführt haben, an bestimmten Zeitstellen (Synchronsituationen) Einzelbilder als statistisch-figurale Sollwerte mit verbal beschreibenden Ergänzungen zu einer Bildreihe der Bewegungstechnik zusammengestellt (vgl. [90]). Die Auswahl und Festlegung der richtigen Bewegung erfolgt auf der Grundlage von Kriterien, die der Bewegungsabschnitt bzw. die Aktion durch seine funktionale Belegung zu erfüllen hat (siehe [90] fürs Kugelstoßen).

In die Analyse von sportlichen Bewegungen mit neuronalen Netzen sollen sowohl quantitative als auch qualitative Daten eingehen. Unser Ziel sollte es sein, Bewegungsausführungen, die über quantitative, aber auch einige wenige qualitative Merkmale erfaßt wurden, zunächst mit der SOM zu klassifizieren. Anschließend soll diese Klassifikation der Bewegungsausführungen mit der Beurteilung eines Trainers verglichen werden. Dies wird nun nachfolgend dargestellt.

9.3 Analyse von Trainerurteilen

Für die Sportpraxis von sehr großer Bedeutung ist das Wissen bzw. die Information, die von Trainern kommt (weil sie auf jahrelanger Erfahrung beruht). Ein großer Teil des Trainer- und auch Athletenwissens bleibt unveröffentlicht bzw. wird mit Zurückhaltung aufgenommen, weil es sich nicht nach wissenschaftlichen Standards erfassen läßt. Trainer haben häufig ein sehr gut ausgeprägtes innerliches Technikleitbild bezüglich der sportlichen Bewegungsabläufe. Dieses brauchen sie dann, wenn sie in der sportlichen Praxis über realisierte Bewegungen spontane Urteile über die Qualität der Ausführung abgeben müssen.

Trainer sind offensichtlich trotz der komplexen Anforderungen - die Athleten haben zum Teil sehr unterschiedliche physische und technische Voraussetzungen - in der Lage, eine Bewegungsleistung wahrzunehmen und intuitiv meist richtig und angemessen zu bewerten. Diese Bewertung erfolgt fast immer spontan, ohne spezielle Hilfsmittel wie Zeitlupe oder wiederholtes Betrachten. Fragt man beim Trainer konkret nach, worauf er sein Urteil zurückführt, dann ist er häufig nicht in der Lage, die dafür spezifischen Merkmale anzugeben. Da sich die Einflußfaktoren gegenseitig positiv oder negativ beeinflussen können, ist für den Trainer häufig ein intuitives Abwägen und Entscheiden notwendig.

Es gibt mitlerweilen verschiedene Ansätze, wie Expertenwissen erfaßt und umgesetzt werden soll. Eine zentrale Frage in der Aufarbeitung besteht darin, ob sich das Expertenwissen und das Verhalten und die Entscheidungen der Trainer und Experten in Regeln fassen lassen. Da die sportlichen Situationen und Bewegungen im allgemeinen sehr komplex sind, muß man davon ausgehen, daß sich für die Zusammenhänge keine einfachen Regeln und Entscheidungsregeln ableiten lassen.

Die Situation läßt sich also wie folgt zusammenfassen: Trainer und Experten machen nichts anderes, als die Informationen, die auf sie einströmen, zu ordnen und zu klassifizieren. Dieses Ordnen erfolgt bei erfahrenen Trainern vor dem Hintergrund ihres Wissens über vergleichbare und ähnliche sportliche Situationen. Diese Aufgabe erinnert an das, was neuronale Netze zu leisten vermögen. Im Anlernvorgang müssen sie eine Struktur der Karte bezüglich einer bestimmten Aufgabe bzw. bezüglich eines Datensatzes formen. Anschließend sind sie in der Lage, vergleichbare oder ähnliche Information auf der Karte abzubilden, bzw. sie einem bestimmten Muster zuzuordnen. Diese Fähigkeit neuronaler Netze wollen wir in unserem Anwendungsfall ausnützen:

Es soll geprüft werden, ob mit Hilfe der SOM die Urteile von Trainern über Bewegungsvollzüge rekonstruiert werden können. Dazu wird die SOM mit unterschiedlichen Bewegungspositionen angelernt, so daß sie die verschiedensten Ausführungen der angebotenen Position ordnen, also darin Positionsklassen finden kann. Diese Klassifizierung der Karte wird mit der Beurteilung eines Trainers verglichen, die von diesem für dieselbe Bewegungsposition vorgenommen wurde. Desweiteren sollen mit Hilfe des neuronalen Netzes den Bewegungspositionen immanente Strukturen ermittelt werden, d.h. durch den Vergleich der selbstgelernten Klassenbildung der Karte mit den Urteilen des Trainers zu den gleichen bzw. ähnlichen Bewegungspositionen kann die Karte nach urteilsstrukturierenden Merkmalen des Trainers - aber auch der Karte selbst - analysiert werden.

Nachfolgend werden die Vorgehensweise und einige wesentlichen Ergebnisse, die die Eigenschaften und Arbeitsweisen der SOM verdeutlichen, dargestellt.

9.4 Der Gegenstand der Untersuchung: Kugelstoßen

Die erste Aufgabe bestand in der Bestimmung einer geeigneten „Lernaufgabe" für die Karte. Welche Bewegung soll sie zu klassifizieren lernen? Hierfür waren folgende Aspekte von Bedeutung: Lernaufgabe sollte das Erfassen einer Position sein. Diese sollte vielfältig vorkommen, dennoch eindeutig definiert sein, und ihre Unterschiede sollten auch mit Unterschieden in der Bewegungsleistung verbunden sein.

Diese Vorbedingungen gaben den Ausschlag, das Kugelstoßen in der O'Brien-Technik und als Lernaufgabe die mehr oder weniger gut ausgeführte Position der sogenannten Stoßauslage als Bewegung zu wählen (vgl. Bild 9.1, Position 5).

Die Auswahl wird wie folgt begründet:

- Die Stoßauslage ist im Expertenkreis eindeutig festgelegt durch das Merkmal: vollständiger Bodenkontakt beider Beine nach dem Angleiten. Sie kann daher – gleichgültig bei welchem Probanden – eindeutig identifiziert werden. Jeder einigermaßen mit dem Kugelstoßen Vertraute kommt in diese Position.

- Die Stoßauslage wird mit dem Erfolg der Bewegungsleistung verbunden (vgl. z.B. [91]).

- Die Stoßauslage kann zweidimensional betrachtet werden, was bei der uns zur Verfügung stehenden Auswertetechnik von großem Vorteil war.

Die Lernaufgabe für die SOM ist, diese Stoßauslage unüberwacht zu klassifizieren.

Nach Festlegung der Lernaufgabe war das Problem zu lösen, welche Merkmale der Stoßauslage der Karte zum Anlernen zugeführt werden können. Für den Anlernvorgang der SOM ist es generell hilfreich, wenn möglichst viele Merkmale erfaßt werden. Es gibt hierzu praktisch quantitativ keine obere Grenzen. Eine Karte ist in der Lage, Vektoren mit einigen hundert Merkmalskomponenten anzulernen.

Wir beschränkten uns zunächst auf die Erfassung kinematischer Merkmale der Stoßauslage. Analysen der einschlägigen Literatur und Trainerbefragung sollten ermöglichen, daß möglichst alle jene Merkmale erfaßt werden, die bei der Urteilsfindung des Trainers eine Rolle spielen könnten.

Dabei ergaben sich folgende Merkmalsgruppen (Bild 9.4): Die Stoßauslage wird - wie jede Position - durch die Raumkoordinaten des Rumpfes und der großen Gelenke, also der Beine und der Arme erfaßt (Komponenten 3-38, Bild 9.4 (a)). Diese Position wird auch ausgedrückt durch Winkel, in denen die Körperteile zueinander stehen (Komponenten 41-50, 54-56, 63-67, Bild 9.4 (b)). Von Bedeutung für die Qualität der Bewegungsausführung kann auch die Lage der Kugel in bezug zum Körper des Athleten (Komponenten 39-40, 52-53, 66, Bild 9.4 (c)) sein und schließlich auch dessen Körpermaße (58-62).

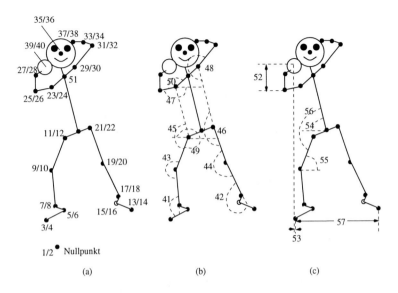

(a) (b) (c)

Bild 9.4 Merkmale zur Analyse der Kugelstoßbewegung: (a) Meßpunkte, (b) aus Meßpunkten bestimmte Winkel, (c) zusätzliche Winkel

Um die Vektorkomponenten des Eingangssignalvektors zu bestimmen, wurden zunächst von gut geübten Sportlerinnen und Sportler Videoaufnahmen vom Kugelstoßen erstellt; im Gesamtbewegungsverlauf wurde die Stoßauslage ermittelt (Bild 9.1). Von ihr wurde ein Videoprint erstellt. Dieses Print diente einerseits als Vorlage zur Ermittlung der Daten des Eingangsvektors und andererseits als Vorlage für den Trainer zur Bewertung. Der Trainer mußte die gesamte Bewegung, aber auch Teilaktionen der Arme, des Rumpfes und der Beine beurteilen.

Bereits der erste Anlernvorgang der SOM mit den Bewegungsvektoren führte zu einer guten Organisation der Karte.

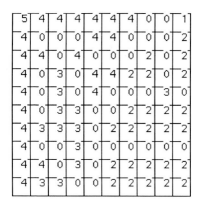

$$\begin{bmatrix}
5 & 4 & 4 & 4 & 4 & 4 & 4 & 0 & 0 & 1 \\
4 & 0 & 0 & 0 & 4 & 4 & 0 & 0 & 0 & 2 \\
4 & 4 & 0 & 4 & 0 & 0 & 0 & 2 & 0 & 2 \\
4 & 0 & 3 & 0 & 4 & 4 & 2 & 2 & 0 & 2 \\
4 & 0 & 3 & 0 & 4 & 0 & 0 & 0 & 3 & 0 \\
4 & 0 & 3 & 3 & 0 & 0 & 2 & 2 & 2 & 2 \\
4 & 3 & 3 & 3 & 0 & 2 & 2 & 2 & 2 & 2 \\
4 & 0 & 0 & 3 & 0 & 0 & 0 & 0 & 0 & 0 \\
4 & 4 & 0 & 3 & 0 & 2 & 2 & 2 & 2 & 2 \\
4 & 3 & 3 & 0 & 0 & 2 & 2 & 2 & 2 & 2 \\
\end{bmatrix}$$

Bild 9.5 Vektorlagekarte der unterschiedlich benoteten Kugelstoßbewegungen

9.5 Bewegungsanalyse mit der selbstorganisierenden Karte

9.5.1 Klassifikation der Bewegungen auf der selbstorganisierenden Karte

Bild 9.5 zeigt die Verteilung der Bewegungen nach den dazugehörigen, von den Trainern angegebenen Gesamtnoten. Es läßt sich die geordnete Struktur der Noten auf der SOM erkennen. Vergleicht man das Lernergebnis der SOM mit den Trainerbeurteilungen, so stellt man fest, daß die SOM eine der Benotung des Trainers vergleichbare Klassifikation der Bewegungen vornimmt.

Die Bedeutung einer gut angelernten Karte zeigt sich nun, wenn bislang unbekannte Eingangsvektoren einzuordnen sind und wenn diese Einordnung erfolgreich ist. Dazu erhielt die Karte von uns Information über Kugelstoßbewegungen von Sportlerinnen und Sportlern, die bei den Anlerndaten nicht dabeiwaren. Die SOM hatte nun die Aufgabe, diesen Bewegungen jeweils eine Note zuzuordnen. Die Note wurde mit Trainerurteilen verglichen. Die folgende Tabelle zeigt das Resultat:

Versuchsnummer	Trainerbewertung	Note der SOM
314	1	3
405	3	4
201	1	2
310	2	2
102	2	2
410	3	4
305	2	2
214	1	2
412	3	2
114	4	4
210	1	2
301	1	2
402	3	4

Die Abweichungen, insbesondere bei den sehr guten und sehr schlechten Versuchen, kommen dadurch zustande, daß bei den angelernten Bewegungen fast nur durchschnittliche Ausführungen vorhanden waren. Die Karte besitzt so für die „extremen" Versuche nur bedingte Generalisierungsfähigkeit. Um das Manko zu beheben, sollte ein erneuter Lernversuch mit in der Bewegungsqualität breiter gestreuten Versuchen unternommen werden.

Weiterhin sollten die Noten beachtet werden, die der Trainer für einzelne Teile der Bewegungsposition gegeben hat. So ist es möglich, daß der Trainer zwei Versuchen zwar dieselbe Gesamtnote „3" gibt, beim einen jedoch in den Teilnoten eher besser, d.h. zwischen „2" und „3", beim anderen eher schlechter zwischen „3" und „4" bewertet. Die Benotung des Trainers scheint daher teilweise recht willkürlich gewählt.

9.5.2 Auswertung der Komponentenkarten

Die Komponentenkarten wurden zunächst dazu verwendet, um nachzuprüfen, ob die Lernergebnisse eingegebene Daten auch sinnvoll wiedergeben können. Dazu wurde die SOM zunächst anhand einer „trivialen" Aussage geprüft. Im vorliegenden Fall des Kugelstoßens betraf dies die Bewegungskomponenten 58-61, welche die Körperdaten erfassen.

Ist die Karte gut angelernt, dann muß sie Zusammenhänge wiedergeben, die aus der Anthropometrie bekannt sind: Die Spannweite der

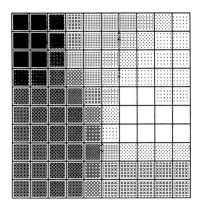

Bild 9.6 Komponentenkarte für die Körpergröße

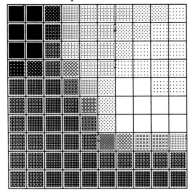

Bild 9.7 Komponentenkarte für die Armspannweite

Arme und Körpergröße der Personen müßten beispielsweise eine nahezu identische Verteilung zeigen. In Bild 9.6 und 9.7 läßt sich erkennen, daß dies auch tatsächlich zutrifft. Hat man die Karte auf diese Weise geprüft und zeigen sich positive Ergebnisse, kann man sich auf die eigentliche Bewegungsanalyse konzentrieren, also auf die Suche nach Zusammenhängen unter den einzelnen Komponenten und nach Beziehungen zur Clusterbildung. Die Analyse der angelernten Karte kann prinzipiell ohne Kenntnis des „Inhalts" der Komponenten durchgeführt werden. Es kann daher „neutral" geprüft

137

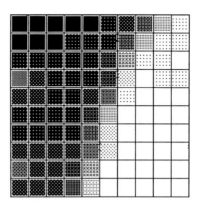

Bild 9.8 Komponentenkarte für den Winkel der Schulterachse

werden, wo die SOM von sich aus Klassenbildungen vornimmt. Diese Klassenbildung ist dann inhaltlich zu entziffern und mit der Beurteilung des Trainers zu vergleichen.

Auch hierzu ein Beispiel: Die Komponentenkarte des Winkels der Schulterachse (Bild 9.8) zeigt eine deutliche Struktur. Auf der Karte ist eine Zweiteilung sehr gut zu erkennen. Dunkle Stellen entsprechen einer eher waagrechten, hellere Stellen eher einer steileren Schulterachse. Bei der Überlagerung mit den Benotungen des Trainers wird erkennbar, daß über den Schulterwinkel eine Unterscheidung in gute und schlechte Versuche möglich ist.

Die Komponentenkarte in Bild 9.9 gibt die Werte der Neuronen für die Höhe des rechten Ellbogens wieder. Vergleicht man die Vektorlagekarte mit dieser Komponentenkarte, so erkennt man, daß eine tiefe Ellbogenhaltung mit einer guten Bewertung der Position korreliert. Dieser Zusammenhang stimmt mit Ergebnissen in der Literatur [91] und mit Aussagen unseres Trainers überein.

Die Karte ordnete die Bewegungen in Klassen, die mit denen des von uns befragten Trainers übereinstimmen. In wesentlichen Aussagen stimmen die Urteile von Karte und Trainer gut überein. Die Auswertung der Karte erlaubt es uns also, schon bekanntes aus der Trainingspraxis des Kugelstoßens zu bestätigen:

- Behalte einen geschlossene Rumpfhaltung bis in die Stoßauslage.

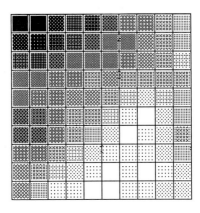

Bild 9.9 Komponentenkarte der Höhe des rechten Ellenbogens

- Richte Dich nicht zu früh auf.
- Halte die Kugel lange zurück.

Durch die Auswertung der Karte erhält man zwar eher globale Zusammenhänge wie *je größer Komponente x, umso niedriger Komponente y* oder *Komponenten p und q haben dieselbe Verteilung*.... Doch genau in dieser Weise sind Zusammenhänge in der Trainingspraxis auch verwertbar. Die Ergebnisse bestärken darin, die SOM auch für noch weniger gut erforschte Bewegungsabläufe einzusetzen.

Kapitel 10
Die selbstorganisierende Karte in der Medizin: Nervengesteuerte Prothesen

In diesem Kapitel soll die Rolle der künstlichen neuronalen Netze im Rahmen des INTER-Projekts[1] (*I*ntelligent *N*eural In*TER*face) aufgezeigt werden. Ziel des INTER-Projekts ist es, eine dauerhafte Verbindung zwischen dem menschlichen periphären Nervensystem und einem Werkzeug, z.b. einer Handprothese, aufzubauen. Hierzu werden entsprechende Schnittstellen hergestellt, welche Nervensignale messen, verstärken und filtern. Die gemessenen Signale werden danach mittels neuronaler Netze verarbeitet, wodurch dann eine Prothese gesteuert werden kann.

M. Bogdan von der Universität Tübingen beschäftigt sich im Rahmen des INTER-Projekts mit der Verarbeitung der Nervensignale mit Hilfe der SOM.

10.1 Historische Entwicklung der Prothesen

Aus prähistorischen Funden kann geschlossen werden, daß die Menschen bereits in der Steinzeit Hilfsmittel zum Ausgleich verlorener oder kranker Extremitäten benutzt haben. Die ersten schriftlichen Belege datieren dagegen auf die Zeit um 200 v. Chr. Es handelt sich um Berichte von römischen Kriegern, die im 2. Punischen Krieg (218 - 201 v. Chr.) unbewegliche Prothesen getragen haben. Die Prothesen ersetzten hier die

---

[1] INTER wird von der Europäischen Union unter ESPRIT BR Projekt #8897 gefördert. Das INTER-Konsortium besteht aus sechs Partnern: *Scuola Superiore S. Anna*, Pisa, Italy; *Hahn-Schickard-Gesellschaft*, Institut für Mikro- und Informationstechnik, Villingen-Schwenningen, Germany; *Centro Nacional de Microelectronica*, Barcelona, Spain; *Centre Hospitalier Universitaire Vaudois*, Lausanne, Switzerland; *Fraunhofer Institut, Biomedizinische Technik*, St. Ingbert, Germany; *Universität Tübingen, Institut für Physikalische und Theoretische Chemie* und *Lehrstuhl für Technische Informatik*, Tübingen, Germany. Der Projektkoordinator ist die *Scuola Superiore S. Anna* in Pisa.

fehlende Hand, wodurch ermöglicht wurde, den Schild zu halten. Mit der anderen, gesunden Hand wurde das Schwert oder der Speer geführt. Die ersten beweglichen Handprothesen wurden im Mittelalter hergestellt. Die wohl berühmteste Prothese stammt aus dieser Zeit. Es ist die eiserne Hand des Götz von Berlichingen, die in Bild 10.1 dargestellt ist. Mit den Riemen wurde die Prothese am Armstumpf befestigt. Über eine

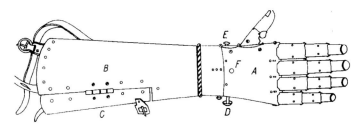

Bild 10.1 Hand des Götz von Berlichingen, um 1504

Federmechanik und Rasten konnten die Finger- als auch die Handstellung in die gewünschte Position gebracht werden. Mittels Druckknöpfen (E,D und F) und der Federmechanik konnte die Hand in die Grundstellung zurückgebracht werden.

Mit dem Anfang des 19. Jahrhunderts setzten sich Prothesen wie in Bild 10.2 durch. Diese Prothese wurden mittels einer sogenannten 3-Zug-Bandage gesteuert: Die Hand wurde durch einen hakenförmigen Greifer ersetzt. Durch entsprechende Bewegungen mit der Schulter konnten dann einfache Bewegungen, wie z.B. das Halten von Gegenständen, durchgeführt werden.

Seit den 50er Jahren werden auch myoelektrisch gesteuerte Prothesen eingesetzt. Eine solche Prothese und ihre Steuerung ist in Bild 10.3 dargestellt. Hier wird der Effekt ausgenutzt, daß beim Bewegen von Muskeln eine myoelektrische Spannung auf der Haut gemessen werden kann. Die gemessene Spannung hängt dabei direkt von der Muskelbewegung ab, was die Zuordnung von Bewegungen der Handprothese zu der Muskelbewegung ermöglicht. Die Prothese wird also direkt von den Muskeln gesteuert, wobei die gemessene myoelektrische Spannung in elektrische Impulse umgesetzt wird, mit denen die Prothese angesteuert wird.

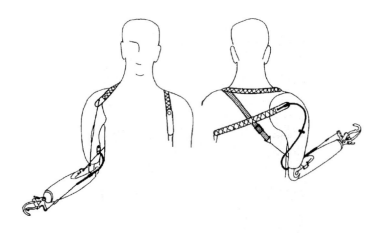

Bild 10.2 3-Zug-Bandage, Beginn des 19. Jahrhundert

10.2 Prinzipieller Aufbau der Prothese

Im Rahmen des INTER-Projekts werden Prothesen entwickelt, die direkt vom periphären Nervensystem gesteuert werden sollen. Das Prinzip ist in Bild 10.4 dargestellt [92]. Hierbei wächst (regeneriert) ein durchtrennter Nerv des periphären Nervensystems durch einen Sensor, welcher die Nervensignale mißt und an die weiterverabeitenden Einheiten weiterleitet. Bei dem Sensor handelt es sich also um einen Regenerationssensor. Das Prinzip des Sensors wird später erläutert. Die aufgenommenen Signale werden von einer Kombination zweier neuronaler Netze verarbeitet und steuern dann über eine entsprechende Regelung die Prothese. Sie soll zu einem späteren Zeitpunkt mit Sensoren ausgerüstet werden, so daß äußere Einflüsse wie z.b. Druck, Temperatur etc. wahrgenommen werden können. Diese Daten werden dann ebenfalls mittels neuronaler Netze verabeitet und über einen Signalgenerator und den Neurosensor an das periphäre Nervensystem weitergeleitet.

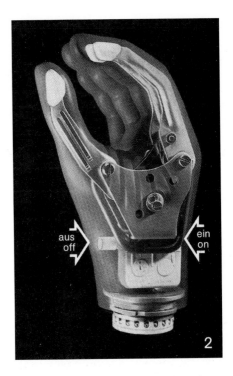

Bild 10.3 Myoelektrisch gesteuerte Prothese, seit den 50er Jahren

10.3 Regenerationssensor und das Implantationsprinzip

Der prinzipielle Aufbau des Regenerationssensors wurde bereits 1973 von Llinás vorgeschlagen [93]. Im Zusammenhang der Entwicklung dieser Sensoren muß auch Edell erwähnt werden, dem 1980 als erstem Aufnahmen von Nervensignalen mit einem derartigen Sensor gelangen, wobei der Sensor auf Silizium-Basis hergestellt wurde [94]. Eine ausführliche Betrachtung über die Entwicklung von Regenerationssensoren ist in [95] zu finden.

Das Implantationsprinsip ist in Bild 10.5 dargestellt. Es nützt den Umstand aus, daß Nerven des periphären Nervensystems regenerieren, wenn sie verletzt bzw. durchtrennt werden. Außerdem existiert der Nerv

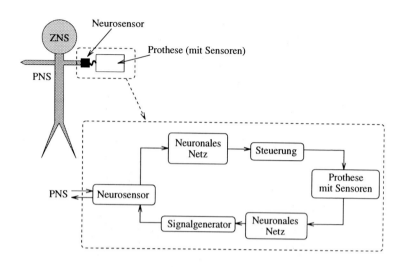

Bild 10.4 Direkt vom peripären Nervensystem gesteuerte Prothese

im Falle einer Amputation bis an den Stumpf, d.h. er degeneriert auch dann nicht, wenn der Abschluß fehlt. Ein solcher Nerv, welcher normalerweise die Signale an die Extremität weitergeben würde, wird durchtrennt. Danach wird das proximale (zum Körper nahe) und das distale (vom Körper entfernte) Ende in einen sogannten „*Guidance Channel*" eingeführt. Der Guidance Channel umschließt den Neurosensor derart, daß lediglich die Kontakte außerhalb des Guidance Channels liegen. Der Guidance Channel dient dazu, den regenerierenden Nerv in die richtige Richtung zu lenken, den Nerv mit den Nährstoffen zu versorgen und ihm die Möglichkeit zu nehmen, um den Chip herumzuwachsen. Durch den Guidance Channel wird also der Nerv gezwungen, durch die Löcher im Chip zu wachsen. Die Löcher sind in einem Feld angeordnet (Bild 10.5). Einige der Löcher werden als eine Ringelektrode ausgebildet, wodurch die Möglichkeit der Aufnahme von Nervensignalen gegeben ist. Leider können nicht alle Löcher als Ringelektrode aufgebaut werden, da nicht genug Platz vorhanden ist, um alle Verbindungen aus dem Chip herauszuführen. Andererseits müssen möglichst viele Löcher geätzt werden, um die Regeneration des Nerven so wenig wie möglich zu behindern.

Auf einem Teil des Chips, der nicht von dem Array genutzt wird und nicht innerhalb des Guidance Channels liegt, befindet sich eine Elektro-

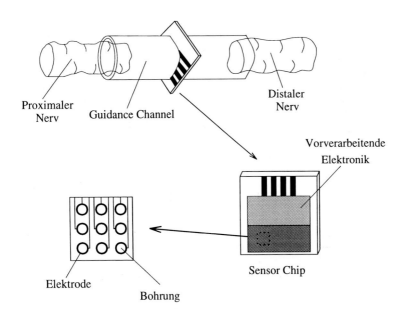

Proximaler Nerv

Guidance Channel

Distaler Nerv

Vorverarbeitende Elektronik

Elektrode

Bohrung

Sensor Chip

Bild 10.5 Implantationsprinzip

nik, die die Vorverstärkung und eine erste Filterung der aufgenommenen Signale vornimmt. Diese Signale werden dann an die weiterverarbeitende Elektronik geleitet, die das neuronale Netz realisiert.

In Bild 10.6 ist ein solcher Sensor abgebildet, der vom Centre Nacionale de Microelectronica in Barcelona hergestellt wurde. Mehr Einzelheiten über den Chip sind in [96, 97] zu finden.

10.4 Problematik des Systems

Einige Probleme der Signalerkennung sind direkt mit der Art und Weise der Signalaufnahme verbunden. In Bild 10.7 wachsen mehrere Axone durch eine Ringelektrode. Dies bedeutet, daß man nicht ein einzelnes Signal, sondern eine Überlagerung mehrer Signale mißt. Es ist zwar die prinzipielle Form des Signals eines einzelnen isolierten Axons bekannt, nämlich die eines Spikes (Bild 10.7), jedoch überlagern sich die Signale

145

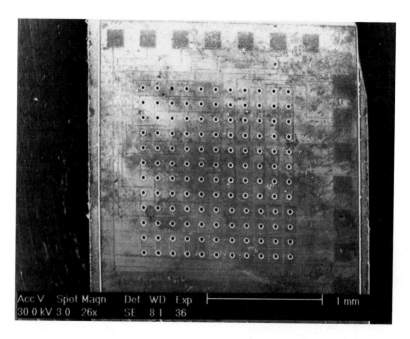

Bild 10.6 Ein Chip zur Messung von Nervensignalen

der einzelnen Axone bei einem Axonenbündel. Das Verhältnis der Überlagerung ist unbekannt und zusätzlich noch von Elektrode zu Elektrode unterschiedlich.

Hinzu kommt, daß die gemessenen Signale sehr komplex sind, da ein einzelnes Nervenbündel aus bis zu 200 000 einzelnen Axonen besteht. Da es sich um ein biologisches System handelt, ändern sich zusätzlich noch die Axonsignale im Laufe der Zeit. Nur ein adaptives System wie die SOM besitzt die Fähigkeit, die komplexen Zusammenhänge der Signale zu verarbeiten.

10.5   Einsatz der selbstorganisierenden Karte

In dieser Anwendung wird die SOM in Verbindung mit einem linearen neuronalen Netz INCA (Independent Component Analysis) verwendet.

Bei INCA [98, 99] (Bild 10.8) handelt es sich um ein komplett rückge-

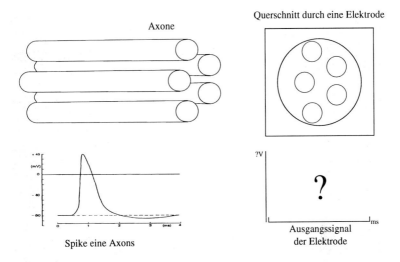

Bild 10.7 Prinzipzeichnung der Signalaufnahme

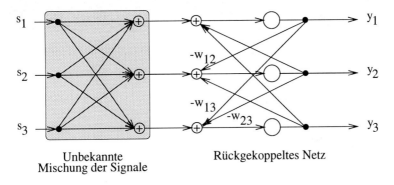

Bild 10.8 Architektur des INCA-Netzes

koppeltes Netz. Dieses wird zur Signalfilterung eingesetzt. Mit Hilfe eines nichtlinearen Lernalgorithmus können die linearen Mischungsverhältnisse der einzelnen aufgenommenen Signale erkannt und aufgrund dieser Information die ursprünglichen Signale aus dem Mischsignal herausgefiltert werden.

Die gefilterten Signale werden dann mit der SOM klassifiziert und einer bestimmten Bewegung zugeordnet. Nach dieser Zordnung kann dann die entsprechende Bewegung der Prothese angesteuert werden, und die Prothese bewegt sich im Sinne des Benutzers.

Eine tiefergehende Beschreibung der Anwendung findet sich in [100].

Kapitel 11
Die selbstorganisierende Karte in der Betriebswirtschaft

In den vorangegangen Kapiteln wurde anhand von zahlreichen Beispielen gezeigt, daß die SOM für den Einsatz in vielen Bereichen der Technik und der Naturwissenschaften geeignet ist. In diesem Kapitel soll gezeigt werden, daß die Karte auch Anwendungsmöglichkeiten in nichttechnischen Bereichen wie der Betriebswirtschaft hat. Als Beispiel wurden von V. Tryba Kennzahlen aus den Bilanzen von internationalen Konzernen mit Hilfe der SOM analysiert [101].

11.1 Analyse von Bilanzen mit Hilfe der selbstorganisierenden Karte

Um die Kennzahlen von Bilanzen einer Analyse durch die Karten zugänglich zu machen, ist es erforderlich, die Zahlen in einer Bilanz als einen Vektor von reellen Zahlen aufzufassen. Dieser gedankliche Schritt mag im ersten Moment nicht ganz einfach fallen, jedoch spricht anderseits auch nichts dagegen. Die Bilanzvektoren von vielen Bilanzen bilden dann die Menge der Eingabevektoren. Sie können in der üblichen Weise mit der SOM angelernt werden.

Ein praktisches Problem bei derartigen Untersuchungen stellt die Beschaffung der Daten dar. Es wäre eine sehr mühsame Aufgabe, die Daten aus den Geschäftsberichten der einzelnen Firmen zusammenzustellen. Hierzu ist die Struktur der veröffentlichten Bilanzen von Firmen aus verschiedenen Ländern zu unterschiedlich. Schon innerhalb eines bestimmten Landes gibt es beachtliche Unterschiede, obwohl gesetzliche Vorschriften für eine teilweise Normierung sorgen. Im Falle der vorliegenden Untersuchungen wurde dieses Problem durch Verwendung von Daten aus dem Macmillan Directory of Multinationals [102] gelöst, das die Daten internationaler Konzerne in standardisierter Form enthält. Aus dem Katalog wurden die folgenden Größen betrachtet:

- Umsatz / Mitarbeiter

- Nettogewinn / Mitarbeiter

- Operativer Gewinn / Mitarbeiter

- Anlagevermögen / Mitarbeiter

- Investionen / Mitarbeiter

- Grundkapital / Mitarbeiter

- Langfristige Schulden / Mitarbeiter

- Forschungs- und Entwicklungsausgaben / Mitarbeiter

- Gewinn pro Aktie

- Gesamtzahl der Mitarbeiter

Die meisten Größen wurden durch die Anzahl der Mitarbeiter dividiert, da diese bezogenen Größen für den Vergleich von Firmen besser geeignet sind als die absoluten Größen.

Im vorliegenden Beispiel wurden die Daten von 90 Firmen untersucht. Es wurden bewußt Daten von sehr großen und bekannten Firmen ausgewählt. Sämtliche Zahlen beziehen sich auf das Jahr 1987, damit bei der Auswertung der Anlernergebnisse der Karten eine Kommentierung der aktuellen Geschäftslage der Firmen zum Zeitpunkt des Erscheinens des Buches vermieden werden kann. Die Lage einzelner Firmen hat sich seit dem Jahr 1987 teilweise beachtlich verändert.

Da einzelne Zahlen im Macmillan Directory fehlen, ist es wesentlich, darauf hinzuweisen, daß die Behandlung unbekannter Komponenten beim Algorithmus der selbstorganisierenden Karten noch nicht abschließend theoretisch untersucht wurde. Im vorliegenden Fall wurden diese Komponenten im File mit den Eingabevektoren mit einen x markiert und bei der Abstandsberechnung und bei der Adaption vom Simulationsprogramm ignoriert.

11.2 Anlernergebnisse

11.2.1 Vektorlagekarten

Bild 11.1 zeigt die Vektorlagekarte eines typischen Anlernergebnisses. Der Name der Firma wird an der Stelle in der Vektorlagekarte angegeben, die dem ähnlichsten Vektor entspricht. Bild 11.1 ist daher so zu interpretieren, daß Firmen, deren Name im Bild eine kleine (zweidimensionale) Entfernung hat, auch eine große Ähnlichkeit ihrer Bilanzkennzahlen entsprechend dem vorherigen Abschnitt aufweisen. Die Ähnlichkeit ist jedoch nicht direkt proportional zur zweidimensionalen Entfernung in Bild 11.1, da die Karte vor allem bei größeren Entfernungen Verzerrungen enthält. Im vorliegenden Fall wurde eine Karte mit 50×50 Zellen verwendet.

Es interessiert die Frage, ob die Karte die einzelnen Firmen nach Ländern oder nach Branchen klassifiziert hat. Daher erzeugt man am besten eine modifizierte Darstellung der Vektorlagekarte, in der anstatt des Firmennamens nur die Nationalität des Stammsitzes der Firma ausgedruckt wird (Bild 11.2). Man erkennt dann sofort, daß die einzelnen Gebiete der Karte bevorzugt Firmen einer bestimmten Nationalität enthält. So bilden zum Beispiel amerikanische Firmen (gekennzeichnet durch US) und japanische Firmen (J) zusammenhängende Felder. Britische Firmen sind zu amerikanischen Firmen benachbart. Das Feld der japanischen Firmen liegt relativ abseits in größerer Entfernung von den anderen Firmen. Die von der Karte gefundene Darstellung macht offenbar vorhandene Ähnlichkeiten und Unähnlichkeiten sichtbar. Obwohl es sich um internationale Konzerne handelt, die weltweit konkurrieren, hat offenbar die politische und wirtschaftliche Situation des Hauptsitzes der Firma einen großen Einfluß auf die Bilanzkennzahlen.

Zur Untersuchung der Frage, ob die Karte auch eine Ordnung der Firmen nach Branchen vornimmt, wird die Darstellung nach Bild 11.3 erzeugt. Man erkennt, daß auch eine solche Ordnung vorliegt. Offenbar ist die entstandene Ordnung dadurch gekennzeichnet, daß die Firmen sowohl in Gruppen von Ländern als auch in Gruppen von Branchen geordnet sind. So zeigen beispielsweise die chemische Industrie und die Elektroindustrie eine Gruppenstruktur.

Anderseits sind auch Firmen nahe beieinander gespeichert, obwohl keinerlei Ähnlichkeit vorhanden ist. Eine ähnliche Bilanzstruktur bedeutet strenggenommen natürlich noch keine Ähnlichkeit der Firmen nach

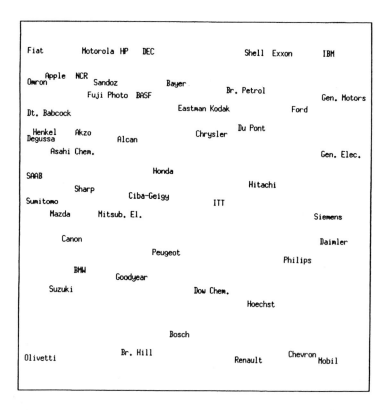

Bild 11.1 Vektorlagekarten der Firmen

Geschäftsfeld oder gar Firmenkultur. Dennoch ist die entstandene Gruppierung der Firmen durch die Karte bemerkenswert.

11.2.2 Komponentenkarten

Die Komponentenkarten liefern weitere Aufschlüsse, nach welchen Kriterien die Gruppenbildung in der Vektorlagekarte erfolgt ist. Als Beispiel werden einzelne Komponentenkarten in Bild 11.4 und 11.5 gezeigt.

Die Komponentenkarte in Bild 11.4 zeigt die Verteilung der Forschungs- und Entwicklungsausgaben der verschiedenen Firmen. Man erkennt, daß die Firmen rechts oben in der Karte hier im Jahr 1987 besonders viel

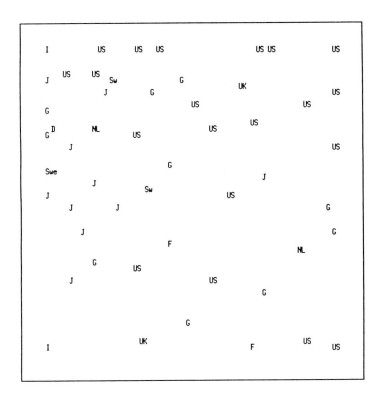

Bild 11.2 Vektorlagekarten der Firmennationalitäten

ausgegeben haben.

Die Komponentenkarte in Bild 11.5 zeigt die Anzahl der Mitarbeiter der unterschiedlichen Firmen. Die Konzerne mit den meisten Mitarbeitern befinden sich am rechten oberen Rand der Karte. Die Firmen General Motors und IBM waren 1987 also die Konzerne mit den meisten Mitarbeitern.

Die weiteren Komponentenkarten, die hier aus Platzgründen nicht gezeigt werden können, zeigen ähnlich klare Ordnungsstrukturen. Dies erlaubt eine klare Analyse zum Beispiel der Gewinnsituation im Vergleich zu anderen Firmen, sowie der langfristigen Verschuldung.

Die Komponentenkarte der Ausgaben für Forschung und Entwick-

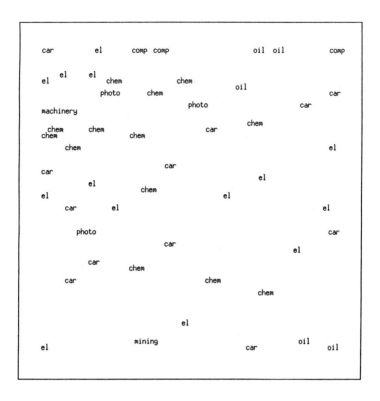

Bild 11.3 Vektorlagekarten der Branchen

lung pro Mitarbeiter erlaubt eine Vorhersage der zukünftigen Wettbewerbsfähigkeit im Vergleich zu Konkurrenten.

Die erwähnten Untersuchungen für die Bilanzkennzahlen von internationalen Unternehmen verdeutlichen viele Eigenschaften der selbstorganisierenden Karten. Die Ergebnisse beziehen sich hier auf internationale Konzerne. Es ergeben sich jedoch auch interessante Ergebnisse, wenn nur die Firmen eines Landes oder nur einer Branche betrachtet werden. Ein einzelnes Unternehmen kann mit Hilfe der Karten seine Position im internationalen Wettbewerb bestimmen, und seine relative Position im Vergleich zu den unmittelbaren Konkurrenten.

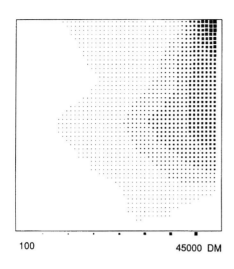

100   45000 DM

Bild 11.4 Komponentenkarte der Ausgaben der Firmen

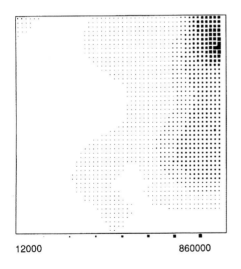

12000   860000

Bild 11.5 Komponentenkarte der Zahl der Mitarbeiter pro Firma

Eine Untersuchung von nur europäischen Firmen dürfte zeigen, wie weit die europäische Integration auf wirtschaftlichem Gebiet bereits vorangekommen ist.

Die Bilder dieses Kapitels zeigen, daß die Karte ein wertvolles Hilfsmittel bei der Analyse von großen Datenmengen aus dem Bereich der Betriebswirtschaft sein kann. Während große Mengen von Zahlenkolonnen sehr unübersichtlich sind, läßt die Darstellung mit Hilfe der Vektorlagekarten und der Komponentenkarten verborgene Zusammenhänge in bestechender Klarheit hervortreten. Letzlich ist die Karte ein Hilfsmittel, um höherdimensionale Zusammenhänge in einer Ebene sichtbar zu machen. Hierauf beruht die Anwendbarkeit der Karte in den verschiedensten Gebieten.

Die beschriebene Anwendung legt die Vermutung nahe, daß die Karte für die visuelle Darstellung und die Analyse von Daten aus dem gesamten Bereich der Betriebswirtschaft, der Volkswirtschaft und der Soziologie geeignet ist. Es eröffnen sich damit vielfältige Anwendungsmöglichkeiten.

Literaturverzeichnis

[1] W.S. McCulloch and W. Pitts. A logical calculus of ideas immanent in nervous activity. *Bulletin of Mathematical Biophysics*, (5), 1943.

[2] Gehirn und Nervensystem. Spektrum der Wissenschaft, 1988.

[3] D.O. Hebb. *The organization of behavior*. Wiley, New York, 1949.

[4] D. Rumelhart and J. McClelland. *Parallel Distributed Processing*. MIT press, Cambridge, Massachusetts, 1986.

[5] G. A. Carpenter and S. Grossberg. The ART of adaptive pattern recognition by a selforganizing neural network. *IEEE Computer*, 21(3), 1988.

[6] G. A. Carpenter and S. Grossberg. ART 2: Selforganization of stable category recognition codes for analog input patterns. *Applied Optics*, Dezember 1987.

[7] G. A. Carpenter and S. Grossberg. ART 3: Hierarchical search using chemical transmitters in selforganizing pattern recognition architectures. *Neural Networks*, 3:129–152, 1989.

[8] G. A. Carpenter, S. Grossberg, and D. B. Rosen. ART 2-A: An adaptive resonance algorithm for rapid category learning and recognition. *Neural Networks*, 4:493–504, 1991.

[9] T. Kohonen. *Selforganization and associative memory*. Springer Verlag, Heidelberg, New York, Tokio, 1984.

[10] S. Sehad and C. Touzet. Reinforcement learning and neural reinforcement learning. In *ESANN 94, Brüssel, Belgien*, 1994.

[11] M.L. Minsky and S.A. Paper. *Perceptrons*. MIT Press, Cambridge, 1969.

[12] T. Kohonen. Automatic formation of topological maps of patterns in a selforganizing system. In *Proceedings of the 2nd Scandinavian Conference on Image Analysis*, pages 1–7, 1981.

[13] T. Kohonen. Selforganized formation of topology correct feature maps. *Biological Cybernetics*, pages 59–69, 1982.

[14] A. Ultsch and H. P. Siemon. Exploratory Data Analysis: Using Kohonen networks on transputers. Technical report, Universität Dortmund, 1989.

[15] E. Erwin, K. Obermayer, and K. Schulten. Selforganizing maps: stationary states, metastability and convergence rate. *Biological Cybernetics*, (67):35 – 46, 1992.

[16] V. Tolat. An analysis of Kohonen's selforganizing maps using a system of energy functions. *Biological Cybernetics*, pages 155–164, 1990.

[17] P. Ruzicka and D. Hrycej. Topological maps for invariant features representation and analysis of their self-organization. In *Neuro Nimes*. EC2 Nanterre France, 1993.

[18] H. Ritter, T. Martinetz, and K. Schulten. *Neuronale Netze*. Addison Wesley, 1990.

[19] J. Peinke, J. Parisi, O.E. Rössler, and R. Stoop. *Encounter with chaos*. Springer-Verlag, 1992.

[20] H. Speckmann. *Analyze mit fraktalen Dimensionen und Parallelisierung von Kohonen's selbstorganisierender Karte*. Dissertation, Universität Tübingen, in german, 1995.

[21] W.B. Pennbaker and J.L. Mitchell. *JPEG still image data compression standard*. Van Nostrand Reinhold New York, 1993.

[22] Y. Linde, A. Buzo, and R.M. Gray. An algorithm for vector quantizer design. In *IEEE Transactions on Communications, Vol. COM-28*, pages 84–95, 1980.

[23] A. König and M. Glesner. An approach to the application of dedicated neural network hardware for real time image compression. In T. Kohonen, K. Mäkisara, O. Simula, and J. Kangas, editors, *Artificial Neural Networks*, volume 2, pages 1345–1348, Helsinki – Espoo, 1991. Elsevier Science Publishers B.V. (North Holland).

[24] A. König, W. Pöchmüller, and M. Glesner. A flexible neural network implemented as a neural coprocessor to a von neumann architecture. In U. Ramacher, U. Rückert and J.A. Nossek, editors, *Microelectronics for Neural Networks*, pages 455–461, Munich, 1991. Kyrill & Method Verlag.

[25] A. König and M. Glesner. VLSI-implementation of associative memory systems for neural information processing. In *Proceedings of the 3rd International Workshop on VLSI for Neural Networks and Artificial Intelligence, Oxford, England*, 1992.

[26] A. König, P. Windirsch, and M. Glesner. ARAMYS – A bit-serial SIMD-processor for fast parallel nearest neighbor search and associative processing. In *Proceedings of the International Conference on Solid State Devices and Materials SSDM'94, Symposium Neurodevices and Neurochips, Yokohama, Japan*, pages 394–396, Aug 1994.

[27] L. Schweizer, G. Parladori, G.L. Sicuranza, and S. Marsi. A fully neural approach to image compression. volume 1, pages 815–820, Helsinki – Espoo, 1991. Elsevier Science Publishers B.V. (North Holland).

[28] A. König, M. Reinke, and M. Glesner. A fully neural approach to image segmentation and image coding. In *Proceedings of the International Joint Conference on Neural Networks IJCNN-'92, Beijing, China*, volume I, pages 631–635. Publishing House of Electronics Industry, 1992, ISBN 7-5053-1906-X.

[29] A. König, J. Reimers, and M. Glesner. KOHSIP – dedicated VLSI-processor for Kohonen's self-organizing map. In *Proceedings of the International Conference on Solid State Devices and Materials SSDM'94, Symposium Neurodevices and Neurochips, Yokohama, Japan*, pages 349–351, Aug 1994.

[30] A. König, G. Gloy, and M. Glesner. A self-organizing neural network for adaptive image compression. In *Proceedings of the International Symposium on Communications ISCOM-91, Tainan, Taiwan, R.O.C.*, pages 456–459, 1991.

[31] A. König, O. Bulmahn, and M. Glesner. Systematic methods for multivariate data visualization and numerical assessment of class separability and overlap in automated visual industrial quality control. In *Proceedings of the 5th British Machine Vision Conference BMVC'94*, pages 195–204, September 1994.

[32] G.S. Dell. A spreading-activation theory of retrieval in sentence production. *Psychological Review*, 93:283–321, 1986.

[33] G.S. Dell. The retrieval of phonological forms in production: Tests of predictions from a connectionist model. *Journal of Memory and Language*, 27:124–142, 1988.

[34] T. Berg. *Die Abbildung des Sprachproduktionsprozesses in einem Aktivationsflußmodell*. Niemeyer, 1988.

[35] D.G. MacKay. *The organization of perception and action: A theory for language and other cognitive skills*. Springer, New York, 1987.

[36] J.P. Stemberger. An interactive activation model of language production. In Andrew W. Ellis, editor, *Progress in the Psychology of Language*, volume 1, pages 143–186. Erlbaum, London, 1985.

[37] U. Schade. *Konnektionismus — Zur Modellierung der Sprachproduktion.* Westdeutscher Verlag, Opladen, 1992.

[38] V.A. Fromkin. The non-anomalous nature of anomalous utterances. *Language*, 47:27–52, 1971.

[39] J. Lyons. *Introduction to theoretical linguistics.* Cambridge University Press, Cambridge, 1968.

[40] S.G. Nooteboom. The tongue slips into patterns. In V.A. Fromkin, editor, *Speech errors as linguistic evidence*, pages 144–156. Mouton, The Hague, 1973.

[41] S. Shattuck-Hufnagel and D.H. Klatt. The limited use of distinctive features and markedness in speech production: Evidence from speech errors data. *Journal of Verbal Learning and Verbal Behavior*, 18:41–55, 1979.

[42] J.P. Stemberger. Apparent anti-frequency effects in language production: The addition bias and phonological underspecification. *Journal of Memory and Language*, 30:161–185, 1991.

[43] M.P.R. Van den Broecke and L. Goldstein. Consonant features in speech errors. In Victoria A. Fromkin, editor, *Errors in Linguistic Performance*, pages 47–65. Academic Press, New York, 1980.

[44] R. Mangold-Allwinn. *Flexible Konzepte.* Lang, Frankfurt a.M., 1993.

[45] S. Wess. PATDEX - ein Ansatz zur wissensbasierten und inkrementellen Verbesserung von Ähnlichkeitsbewertungen in der fallbasierten Diagnostik. In F. Puppe and A. Günter, editors, *Expertensysteme 93.* Springer, 1993.

[46] S. Wess. PATDEX/2 - ein System zum adaptiven, fallfokussierenden Lernen in technischen Diagnosesituationen. Technical report, 1991.

[47] Rahmel J. and A. v.Wangenheim. KoDiag: A connectionist expert system. In *International Symposium on Integrating Knowledge and Neural Heuristics*, Pensacola, FL, 1994.

[48] M.M. Richter. *Prinzipien der künstlichen Intelligenz.* Teubner, 1992.

[49] J.R. Quinlan. Induction of decision trees. *Machine Learning*, 1(1):81–106, 1986.

[50] L. Breiman, J.H. Friedman, R.A. Olsen, and C.J. Stone. *Classification and regression trees.* Belmont, CA, Wadsworth, 1984.

[51] G. Gauglitz and W. Nahm. Observation of spectral interferences for the determination of volume and surface effects of thin films. *Fresenius Journal of Analytical Chemistry*, 341:279–283, 1991.

[52] J. Göppert, H. Speckmann, W. Rosenstiel, W. Kessler, G. Kraus, and G. Gauglitz. Evaluation of Spectra in Chemistry and Physics with Kohonen's Self-Organizing Feature Map. In *Proceedings of Fith International Conference Neuro-Nimes 92*, pages 405–416, Nanterre France, 10 1992.

[53] J. Göppert and W. Rosenstiel. Topology-Preserving Interpolation in Self-Organizing Maps. In *Proceedings of NeuroNimes 93*, pages 425–434, Nanterre, France, 10 1993. EC2.

[54] R. Jünemann, editor. *Materialfluß und Logistik*. Springer, Berlin, 1989.

[55] B.F. Voigt. Der Handlungsreisende, wie er sein soll und was er zu thun hat, um Aufträge zu erhalten und eines glücklichen Erfolgs in seinen Geschäften gewiss zu zu sein. *Commis-Voageur, Ilmenau*, 1831. Neu aufgelegt durch Verlag Schramm, Kiel, 1981.

[56] W. Domschke. *Logistik : Rundreisen und Touren*. R. Oldenbourg, München, Wien, 3 edition, 1990.

[57] E.L. Lawlar, J.K. Lenstra, A.H.G. Rinnooy Kan, and D.B. Shmoys. *The Travelling Salesman Problem*. John Wiley and Sons, Chichester, 1987.

[58] T. Otto. Reiselust: Travelling Salesman – neue Strategie für eine alte Aufgabe. *c´t*, pages 188–194, Januar 1993.

[59] H. Kruze, R. Mangold, and B. Mechler. *Programmierung Neuronaler Netze - Eine TurboPascal Toolbox*. Addison-Wesley, Bonn, München, 1 edition, 1991.

[60] B. Angéniol, G. de la Croix Vaubois, and J. le Texier. Self-Organizing Feature Maps and the Travelling Salesman Problem. *Neural Networks*, 1:289–293, 1988.

[61] G. Schäfer. *Beitrag zur Optimierung von Kommissionierfahrten in Hochregallagergassen mittels neuronaler Netze*. PhD thesis, Universität Dortmund, MB, LS Förder- und Lagerwesen, 1991.

[62] M. Padberg and G. Rinaldi. Optimization of a 532-City Symmetric Travelling Salesman Problem by Branch and Cut. *Operations Research Letters*, 6:1–8, 1987.

[63] G. Dueck and T. Scheuer. Threshold Accepting: A general purpose optimization algorithm appearing superior to simulated annealing. *Journal of Computational Physics*, 90(1):171–175, 1990.

[64] K. Goser and U. Rückert. Künstliche Intelligenz - eine Herausforderung für die Großintegrationstechnik. *ntz*, 39(11), 1986.

[65] V. Tryba. *Selbstorganisierende Karten: Theorie, Anwendung und VLSI-Implementierung*. VDI Verlag, 1992.

[66] K. M. Marks and K. Goser. Analysis of VLSI process data based on self-organizing feature maps. In *Neuro Nimes*, pages 337–349. EC2 Nanterre France, 1988.

[67] V. Tryba, S. Metzen, and K. Goser. Designing basic integrated circuits by selforganizing feature maps. In *Neuro Nimes*. EC2 Nanterre France, 1989.

[68] A. Schnettler and V. Tryba. Designing basic integrated circuit by self-organizing feature maps. 1993.

[69] T.S. Dillon, S. Sestio, and S. Leung. Short termload forecasting using an adaptive neural network. *Electrical Power and Energy Systems*, 13(4), August 1991.

[70] S. Heine and I. Neumann. Information systems for load-data analysis and load forecast by means of specialised neural nets. 28th Universities Power Engineering Conference UPEC, Staffordshire University, September 1993.

[71] S. Heine and I. Neumann. Optimizing load forecast models using an evolutionary algorithm. Second European Congress on Intelligent Techniques and Soft Computing (EUFIT), Aachen, September 1994.

[72] A. Ultsch. Konnektionistische Modelle und ihre Integration mit wissensbasierten Systemen. Technical report, Forschungsbericht Nr. 396, Universität Dortmund, Fachbereich Informatik, Februar 1991.

[73] S. Heine. *Dispatcher-Informationssystem mit ausgeprägten Analyse- und Prognosefähigkeiten in Elektroenergiesystemen.* Dissertation, Technische Hochschule Leipzig, Januar 1995.

[74] S. Heine and S. Wilde. Analyse der Datenbasis eines Verbundunternehmen auf Eignung zur Bildung leistungsfähiger Prognosemodelle. Technical report, Technische Hochschule Leipzig, Januar 1994.

[75] C. Kruger. Software reuse. *ACM Computing Surveys*, 24(2), 1992.

[76] R. Prieto-Diaz. Status report: software reusability. *IEEE Software*, 10(3), 1993.

[77] T. J. Biggerstaff and A. J. (Hrsg.) Perlis. *Software reusability, Vol. I: Concepts and models, Vol. II: Applications and experience.* ACM Press Frontier Series. Addison-Wesley, Reading, MA., 1989.

[78] R. G. Lanergan and C. A. Grasso. Software engineering with reusable designs and code. In T. J. Biggerstaff and A. J. Perlis, editors, *Software reusability, Volume II: Applications and experience*, ACM Press Frontier Series. Addison-Wesley, Reading, MA., 1989.

[79] G. Salton and M. McGill. *Information Retrieval: Grundlegendes für Informationswissenschaftler*. McGraw-Hill, Hamburg, 1987.

[80] W. B. Frakes and B. A. Nejmeh. An information system for software reuse. In W. Tracz, editor, *Software Reuse - Emerging Technology*. IEEE Computer Society Press, Piscataway, NJ, 1988.

[81] Y. S. Maarek, D. M. Berry, and G. E. Kaiser. An information retrieval approach for automatically constructing software libraries. *IEEE Transactions on Software Engineering*, 17(8), 1991.

[82] E. Ostertag, J. Hendler, R. Prieto-Diaz, and C. Braun. Computing similarity in a reuse library: An AI-based approach. *ACM Transactions on Software Engineering and Methodology*, 1(3), 1992.

[83] P. Devanbu, R. J. Brachman, P. G. Selfridge, and W. Ballard. LaSSIE: A knowledge-based software information system. *Communications of the ACM*, 34(5), 1991.

[84] D. Merkl, A M. Tjoa, and G. Kappel. Learning the semantic similarity of reusable software components. In *Proceedings of the 3rd International Conference on Software Reuse*, Los Alamitos, CA., 1994. IEEE Computer Society Press.

[85] K. E. Gorlen, S. Orlow, and P. Plexico. *Data abstraction and object-oriented programming in C++*. John Wiley and Sons, New York, 1990.

[86] D. Merkl. A connectionist view on document classification. In *Proceedings of the 6th Australasian Database Conference*, Adelaide, 1995.

[87] R. Ballreich. *Biomechanik der Sportarten*. Stuttgart, 1986.

[88] W. Baumann. *Schlittensport*. 1989.

[89] U. Göhner and G. Haag. Bewegungsanalyse über Strukturgleichungsmodelle. Technical report, Institut f. Sportwissenschaft, Universität Tübingen, 1994.

[90] G. Tidow. Modell zur Technikschulung und Bewegungsbeurteilung in der Leichtathletik. *Leistungssport*, (11), 1981.

[91] L. Hinz. *Leichtathletik - Wurf und Stoß*. Berlin, 1991.

[92] P. Dario and M. Cocco. Technologies and applications of microfabricated implantable neural prostheses. In *IARP Workshop on Micromachine & Systems 1993, Tokyo*, 1993.

[93] R. Llinás, C. Nichelson, and K. Johnson. Implantable monolithic wafer recording electrodes for Neurophysiology. In *Kapitel 7 in Brain Unit Activity During Behaviour*, pages 105 – 111. M. Phillips,Ed.,Thomas,Springfield,IL, 1973.

[94] D.J. Edell. Development of a chronic neuroelectronic interface. In *Dissertation U.C. Davis*, 1980.

[95] G.T.A. Kovacs, C.W. Storment, and J.M. Rosen. Regeneration microelectrode array for peripheral nerve recording and stimulation. *IEEE Transactions on Biomedical Engineering, Vol. 39, No. 9*, 1992.

[96] E. Valderrama, R. Villa, C. Dominguez, X. Navarro, M. Buti, S. Calvet, P. Garrido, P. Serra, and J. Aguilo. Regenerative microelectrode array based on Si technology for long-term recording and neural stimulation . In *V Intern. Symp. on Biomedical Engineering, Santiago de Compostela*, 1994.

[97] R. Villa, P. Garrido, E. Valderrama, C. Dominguez, E. Cabruja, P. Serra, and J. Aguilo. Silicon via-holes arrays for regenerative-type neural interface. In *8th CIMTEC: Forum on New materials (SVIII-3), Florence*, 1994.

[98] C. Jutten and J. Hérault. Blind separation of sources, Part I: An adaptive algorithm based on neuromimetic architecture. *Signal Processing, Elsevier*, 24:1–10, 1991.

[99] P. Comon, C. Jutten, and J. Hérault. Blind separation of sources, Part II: Problems statement. *Signal Processing, Elsevier*, 24:11–20, 1991.

[100] M. Bogdan and W. Rosenstiel. Artificial neural nets for peripheral nervous system - remoted limb prostheses. In *NeuroNîmes '94, Nanterre*, 1994.

[101] V. Tryba. Klassifikation von Bilanzkennzahlen mit selbstorganisierenden Karten. Workshop Kognitionswissenschaften, 1995.

[102] D.C. Stafford. *Macmillon Directory of Multinationals*. Macmillan Publishers, 1989.